高职高专规划教材

化工仪表自动化实训

王 强 ◎主编
周迎红 ◎副主编
任丽静 ◎主审

化学工业出版社

·北京·

本书是实训类教材，以 16 个实验为线索，系统介绍了化工过程温度、液位、流量控制系统的构成，过程检测仪表、执行器、控制器等基础知识及其操作与调校，通过"学中做、做中学"，使学生掌握化工仪表自动化的综合技能。

　　本书可作为高职高专和成人继续教育的化工类专业相关课程的教材，也可作为化工、炼油、冶金、轻工、机电等相关企业的培训教材。

图书在版编目（CIP）数据

化工仪表自动化实训/王强主编. —北京：化学工业出版社，2016.9（2021.8 重印）
高职高专规划教材
ISBN 978-7-122-27657-5

Ⅰ.①化…　Ⅱ.①王…　Ⅲ.①仪工仪表-高等职业教育-教材②化工过程-自动控制系统-高等职业教育-教材　Ⅳ.①TQ056

中国版本图书馆 CIP 数据核字（2016）第 165192 号

责任编辑：刘　哲		装帧设计：韩　飞
责任校对：宋　玮		

出版发行：化学工业出版社（北京市东城区青年湖南街 13 号　邮政编码 100011）
印　　装：涿州市般润文化传播有限公司
787mm×1092mm　1/16　印张 6¾　字数 150 千字　2021 年 8 月北京第 1 版第 3 次印刷

购书咨询：010-64518888　　　　　售后服务：010-64518899
网　　址：http://www.cip.com.cn

凡购买本书，如有缺损质量问题，本社销售中心负责调换。

定　　价：18.00 元

　　随着石油化工生产装置的日趋大型化、连续化，企业对生产过程参数自动检测和控制的要求越来越高。现代化工企业急需提高仪表专业技术人员及维修人员的综合素质，以适应生产装置自动化程度不断提高的需求。为了实现与企业的零距离接触，高职院校进行着各种人才培养模式的改革，更加注重提高学生的动手能力。为了解决化工专业高职类学生实践教学的需求，编写了《化工仪表自动化实训》一书。

　　本书是实训类教材，以16个实验为线索，系统介绍了化工过程温度、液位、流量控制系统的构成，过程检测仪表、执行器、控制器等基础知识及其操作与调校，通过"学中做、做中学"，使学生掌握化工仪表自动化的综合技能。

　　本书可作为高职高专和成人继续教育的化工类专业相关课程的教材，也可作为化工、炼油、冶金、轻工、机电等相关企业的培训教材。

　　本书由王强主编，任丽静主审，周迎红副主编。具体编写分工：王强编写实验四、九、十、十三、十四；陈晓峰编写模块一、实验十一；伍波编写模块二、实验十六；周迎红编写实验一、十二、十五；邢玉美编写实验二；刘海燕编写实验三；崔树芹编写实验五；和利时自动化有限公司王跃芹编写实验六；利华益集团股份有限公司张永刚编写实验七；山东海科化工集团巩增利编写实验八。全书统稿工作由王强完成。浙大中控技术有限公司、利华益集团股份有限公司的技术人员为本书的编写给予了大力支持，在此一并表示感谢！

编者

目 录

附录 **98**

参考文献 **102**

第一部分 相关知识介绍

模块一 CS2000型控制系统介绍

随着工业技术的更新与发展，特别是半导体技术、微电子技术、计算机技术和网络技术的发展，自动化已经进入了计算机控制装置时代。在过去的十多年里，DCS（分布式集散控制系统）的应用日益普遍。其原因之一，DCS系统实现了数字和模拟输入/输出模块、智能信号装置和过程控制装置与PC之间的数据传输，把I/O通道分散到实际需要的现场设备附近，使安装和布线的费用减少到最小，从而使成本费用大大节省。其原因之二，DCS具有"开放"的通信接口，允许用户选用不同制造商生产的分散I/O装置和现场设备。

一、CS2000过程控制系统DCS工业标准控制柜的组成

（1）电源部分

控制柜上方为供电电源部分。

（2）DCS部分（从左往右安排）

序号	卡件名称	规格功能说明	序号	卡件名称	规格功能说明
1	XP243	主控制卡	9	XP314	6路电压信号输入卡
2	XP243	主控制卡	10	XP314	6路电压信号输入卡
3	XP233	数据转发卡	11	XP314	6路电压信号输入卡
4	XP233	数据转发卡	12	XP322	4路模拟信号输出卡
5	XP316	4路热电阻信号输入卡	13	XP322	4路模拟信号输出卡
6	XP316	4路热电阻信号输入卡	14	XP322	4路模拟信号输出卡
7	XP313	6路电流信号输入卡	15	XP335	4路脉冲量输入卡
8	XP313	6路电流信号输入卡			

二、CS2000过程控制系统控制对象的组成结构及特点

1. CS2000型系统主要特点

① 被控变量包括流量、压力、液位、温度四大热工参数。

② 执行器中既有电动调节阀（或气动调节阀）、单相SCR移相调压等仪表类执行机构，

又有变频器等电力拖动类执行器。

③ 控制系统除了有控制器的设定值阶跃扰动外，还有在对象中通过另一动力支路或手操作阀制造各种扰动。

④ 锅炉温控系统包含了一个防干烧装置，以防操作不当引起严重后果。

⑤ 系统中的两个独立的控制回路可以通过不同的执行器、工艺线路组成不同的控制方案。

⑥ 一个被控变量可在不同动力源、不同执行器、不同工艺线路下演变成多种控制回路，以利于讨论、比较各种控制方案的优劣。

⑦ 各种控制算法和控制规律在开放的组态实验软件平台上都可以实现。

该系统设计从工程化、参数化、现代化、开放性和培养综合性人才的原则出发，在实验对象中采用了工业现场常用的检测控制装置，仪表采用具有人工智能算法及通信接口的智能调节仪，上位机监控软件采用 MCGS 工控组态软件等。基型产品控制系统中既有上位监控机加智能仪表控制系统，又有上位监控机加远程数据采集计算机 DDC 控制系统。对象系统预留有扩展信号接口，用于控制系统二次开发，进行 DCS 控制、计算机 DDC 控制和 PLC 控制开发。扩展控制系统为 DCS 分布式集散控制系统、西门子 S7300PLC 加上位 WINCC 组态软件。通过对该实验装置的了解和使用，学生进入企业后能够很快适应环境，进入角色。

2. CS2000 型实验对象组成结构

过程控制实验对象系统包含有不锈钢储水箱、强制对流换热管系统、串接圆筒有机玻璃上水箱、中水箱、下水箱、单相 2.5kW 电加热锅炉（由不锈钢锅炉内胆加温筒和封闭式外循环不锈钢冷却锅炉夹套组成）。系统动力支路分为两路组成：一路由威乐泵、电动调节阀、孔板流量计、自锁紧不锈钢水管及手动切换阀组成；另一路由威乐泵、变频调速器、涡轮流量计、自锁紧不锈钢水管及手动切换阀组成。系统中的检测变送和执行元件有压力变送器、温度传感器、温度变送器、孔板流量计、涡轮流量计、压力表、电动调节阀等。系统对象结构图如图 1-1-1 所示。

CS2000 实验对象的检测及执行装置包括以下两部分。

① 检测装置　扩散硅压力变送器，用来检测上水箱、下水箱液位的压力；孔板流量计、涡轮流量计，用来检测单相水泵支路流量和变频器动力支路流量；Pt100 热电阻温度传感器，用来检测锅炉内胆、锅炉夹套和强制对流换热器冷水出口、热水出口。

② 执行装置　单相晶闸管移相调压装置，用来调节单相电加热管的工作电压；电动调节阀，调节管道出水量；变频器，调节副回路水泵的工作电压。

(1) 压力变送器

① 工作原理　当被测介质（液体）的压力作用于传感器时，压力变送器将压力信号转换成电信号，经归一化差分放大和 V/A 电压电流转换器，转换成与被测介质（液体）的液位压力成线性对应关系的 4～20mA 标准电流输出信号。接线如图 1-1-2 所示。

② 接线说明　传感器为二线制接法，它的端子位于中继箱内。电缆线从中继箱的引线口接入，直流电源 24V＋接中继箱内正端（＋），中继箱内负端（－）接负载电阻的一端，

负载电阻的另一端接 24V－。传感器输出 4～20mA 电流信号，通过负载电阻 250Ω 转换成
1～5V 电压信号。

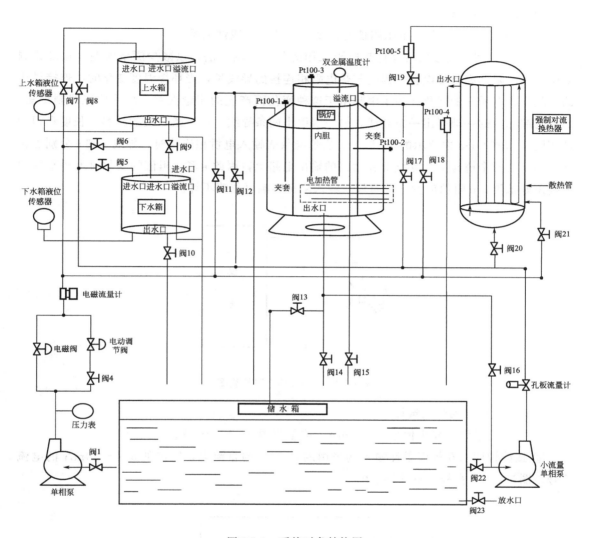

图 1-1-1　系统对象结构图

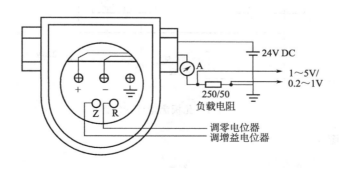

图 1-1-2　压力变送器接线图

③ 零点和量程调整 零点和量程调整电位器位于中继箱内的另一侧，校正时打开中继箱盖即可进行调整。左边的（Z）为调零电位器，右边的（R）为调增益电位器。

（2）温度传感器（Pt100 热电阻）

① 工作原理 利用 Pt 电阻阻值与温度之间的良好线性关系。

② 接线说明 连接两端元件热电阻采用的是三线制接法，以减少测量误差。在多数测量中，热电阻远离测量电桥，因此与热电阻相连接的导线长，当环境温度变化时，连接导线的电阻值将有明显的变化。为了消除由于这种变化而产生的测量误差，故采用三线制接法。即在两端元件的一端引出一条导线，另一端引出两条导线，这三条导线的材料、长度和粗细都相同，如图 1-1-3 中所示的 a、b、c。它们与仪表输入电桥相连接时，导线 a 和 c 分别加在电桥相邻的两个桥臂上，导线 b 在桥路的输出电路上，因此 a 和 c 阻值的变化对电桥平衡的影响正好抵消，b 阻值的变化量对仪表输入阻抗影响可忽略不计。

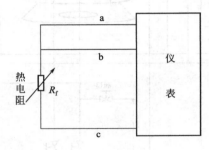

图 1-1-3 Pt100 热电阻接线图

（3）流量计（孔板流量计）

① 孔板流量计 输出信号 4～20mA，测量范围 0～1.2m³/h。

② 接线说明 孔板流量计输入端采用的是 24V 的直流电，输出的是 4～20mA 的电流信号。图 1-1-4 为孔板流量计接线图。

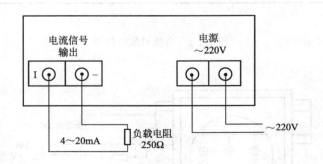

图 1-1-4 孔板流量计接线图

（4）压力表（图 1-1-5）

① 安装位置 单相泵之后，电动调节阀之前。

② 测量范围 0～0.25MPa。

（5）电动调节阀

电动调节阀为智能型直行程执行机构。

输入信号：0～10V DC/2～10V DC；输入阻抗：250Ω/500Ω；输出信号：4～20mA DC；输出最大负载：＜500Ω；信号断电时的阀位，可任意设置为保持/全开/全关/0～100％间的任意值；电源：220V±10％/50Hz。

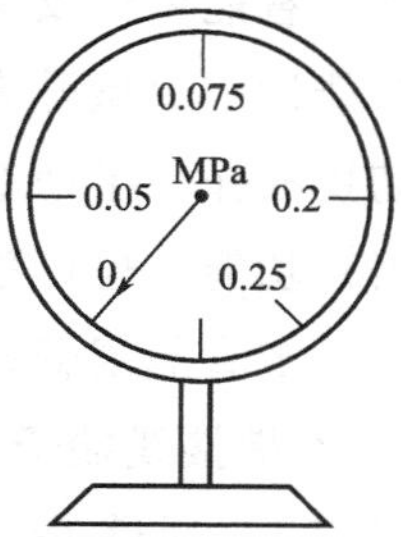

（6）单相晶闸管移相调压

通过4～20mA电流控制信号控制单相220V交流电源，在0～220V之间根据控制电流的大小实现连续变化。

图1-1-5　压力表

（7）变频器

系统中所用的变频器为施耐德和西门子变频调速器。变频器的输出端与循环泵相连，实现循环泵支路的流量控制。变频器型号为三菱 FR-S520S-0.4K 型变频调速器，具体参数设置如表1-1-1。

表 1-1-1　FR-S520S-0.4K 型变频调速器参数设置

名称	表示	设定范围	设定值	名称	表示	设定范围	设定值
上限频率	P1	0～120Hz	60Hz	RH端子功能选择	P62		4
下限频率	P2	0～120Hz	25Hz	操作模式选择	P79	0～8	0
扩张功能显示选择	P30	0,1	1	C5	C5	输出频率大小	25Hz
频率设定电流增益	P39	1～120Hz	60Hz	C6	C6	偏置	20％

（8）液位传感器

工作原理　液位传感器（静压液位计/液位变送器/液位传感器/水位传感器）是一种测量液位的压力传感器。液位变送器（液位计）是基于所测液体静压与该液体的高度成比例的原理，采用隔离型扩散硅敏感元件或陶瓷电容压力敏感传感器，将静压转换为电位号，再经过温度补偿和线性修正，转化成标准电信号（一般为4～20mA/1～5V DC）。接线图如图1-1-6所示。

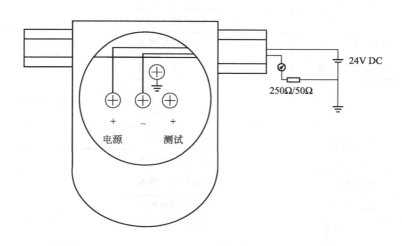

图 1-1-6　液位传感器接线图

（9）智能调节仪 AI818A

智能调节仪型号为 AI818A。除具备 AI708A 的全部功能特点外，还具备外给定、手动/自动切换操作、手动整定及显示输出值等功能，并具备直接控制阀门的位置比例输出（伺服放大器）功能，也可独立作手动操作器或伺服放大器用。此外，还具备晶闸管移相触发输出功能，可节省晶闸管移相触发器，能精确控制温度、压力、流量、液位等各种物理量。

① 面板接线端子功能说明

通道 1（通道 12）：1～5V，0～5V 信号输入端（红色端子＋，黑色端子－）。

通道 2（通道 13）：0.2～1V 信号输入端（红色端子＋，黑色端子－）。

通道 3（通道 14）：测量或控制电流信号输出端。

② 智能调节仪使用参数设置　修改参数时，按住 ↻ 键 3s，即可调出表 1-1-2 中第一个参数 HIAL，用 ＜、∨、∧ 修改参数的值。修改好第一个参数后，再按一下 ↻ 即可进入下一个参数的修改。

表 1-1-2　智能调节仪参数设备

参数代号	参数含义	说明	设置范围
HIAL	上限报警	测量值大于 HIAL＋dF 时产生上限报警	999.9
LOAL	下限报警	测量值大于 LOAL－dF 时产生上限报警	－199.9
DHAL	正偏差报警	正偏差大于 DHAL＋dF 产生正偏差报警	999.9
DLAL	负偏差报警	负偏差大于 DLAL－dF 产生负偏差报警	999.9
dF	回差	参看使用说明书	0.3
CTRL	控制方式	参看使用说明书	1
P	比例度	比例系数的倒数	4
I	积分时间	参看使用说明书	100
D	微分时间	参看使用说明书	0
Sn	输入规格	参看使用说明书	33
DIP	小数点位置	小数点位置,以配合用户习惯数值	1
DIL	输入下限显示值	参看使用说明书	0
DIH	输入上限显示值	参看使用说明书	100
OP1	输出方式	OP1＝4,4～20mA 线性电流输出	4
OPL	输出下限	参看使用说明书	0
OPH	输出上限	参看使用说明书	100
CF	系统功能选择	参看使用说明书	0
Addr	通信地址	参看使用说明书	1(或 2 或 3)
bAud	通信波特率	参看使用说明书	9600
dL	输入数字滤波	参看使用说明书	按不同实验设置不同参数
run	运行状态	参看使用说明书	1

根据不同的实验，以上参数有所改变，请参看实验部分说明。

③ 输入规格　根据实际所测的信号不同，Sn 在 0～37 之间选择，参阅表 1-1-3。

表 1-1-3　调节仪参数选择

Sn	输入规格	Sn	输入规格
0	K	22～25	备用
1	S	26	0～80Ω 电阻输入
2	R	27	0～400Ω 电阻输入
3	T	28	0～20mV 电压输入
4	E	29	0～100mV 电压输入
5	J	30	0～60mV 电压输入
6	B	31	0～1V(0～500mV)
7	N	32	0.2～1V(100～500mV)
8～9	备用	33	1～5V 电压输入
10	用户指定的扩充输入规格	34	0～5V 电压输入
11～19	备用	35	−20～+20mV(0～10V)
20	Cu50	36	−100～+100mV(2～10V)
21	Pt100	37	−5～+5V(0～50V)

小数点位置 DIP：例 DIP＝1 小数点在 10 位。

输入下限显示值 DIL：用于定义线性输入信号下限刻度值，对外给定、变送输出、光柱显示均有效。例上水箱液位传感器检测范围为 0～100cm，则 DIL＝0，DIP＝1。

输入上限显示值 DIH：用于定义线性输入信号上限刻度值，与 DIL 配合使用。例如上水箱液位传感器检测范围为 0～100cm，则 DIH＝100，DIP＝1。

输出方式 OP1：OP1＝4，4～20mA 线性电流输出。

输出下限值 OPL：OPL＝0 调节器输出最小值。

输出上限值 OPH：OPH＝100 调节器输出最大值。

系统功能选择 CF：CF＝0 调节器为反作用；CF＝1 调节器为正作用。

通信地址 ADDR：ADDR＝0～100 有效。作为辅助模块用于测量值变送输出时，ADDR 及 bAud 定义对应测量值变送输出的线性电流大小，其中 ADDR 表示输出下限，bAud 表示输出上限。单位为 0.1mA。

（10）智能流量积算仪

流量积算变送仪的主要功能是将涡轮流量计输出的流量频率信号转换为 4～20mA 的电流信号输出，并获得流量的积算值。

流量积算仪参数设置如表 1-1-4，二级参数设置如表 1-1-5 所示。

表 1-1-4　流量积算仪参数设置

符号	名称	设定参数	符号	名称	设定参数
CLK	禁锁	132	$\rho20$	标况密度	1000
AL1	第一报警值	5000	DIP	显示内容	2（显示流量）
K1	流量常数	10959.5（可修改）			
P	工况密度	1000			5（显示频率）

＊注：流量常数是根据涡轮流量计说明书中标定的流量常数设置的。

表 1-1-5　二级参数设置

符号	名称	设定参数	符号	名称	设定参数
b1	被测量介质	2	d2	用户系数4	0
b2	流量输入信号类型	3	d3	流量信号输入类型	0
b3	第一报警方式	0	pb3	流量输入的零点迁移	0
b4	第二报警方式	0	kk3	流量输入的量程比例	1
b5	流量测量选择	1	SL	变送输出量程下限	−0.13
C1	瞬时流量时间单位	2	SH	变送输出量程上限	−0.65
C2	累积流量精度	0	CAL	流量输入量程下限	0.0
C3	瞬时流量的小数点	3	CAH	流量输入量程上限	0.6
C6	流量输入的小数点	3	PV	瞬时流量单位	18
d1	用户系数3	0	SV	累积流量单位	12

具体操作方法，可查阅智能流量积算仪说明书。

三、CS2000 过程控制系统控制软件

1. DCS 软件体系结构

在 PC 机上安装 CS2000YB 组态软件后，可通过 RS-232/485 转换装置与仪表控制台侧部的 RS-485 串行接口同所有的仪表及远程数据采集模块进行通信。可对下位仪表各参数进行设定，修改 PID 控制参数，并能观察被控变量的实时曲线、历史曲线、SV 设定值、PV 测量值、OP 输出值。各实验都设有动态流程图、被测参数动态显示、动态棒图显示系统流程图。参阅图 1-1-7。

2. DCS 组态控制软件

（1）SCKey.exe 组态软件

应用于对 DCS 硬件和软件的组态，如图 1-1-8 所示。

组态好以后需要下载到不同的控制站中，可选择不同的控制站。如图 1-1-9 所示。

图 1-1-9 所表示的是 128.128.1.2 控制站的组态。

（2）AdvanTrol.exe 监控软件

实验运行软件，运行界面如图 1-1-10 所示。

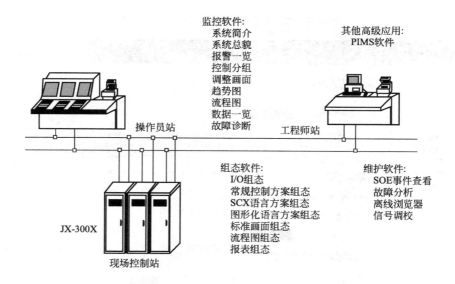

图 1-1-7　CS2000 过程控制系统软件体系结构

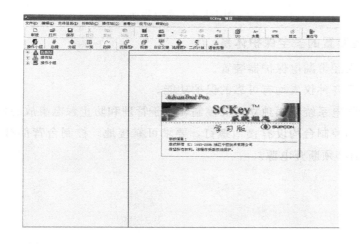

图 1-1-8　DCS 组态控制软件

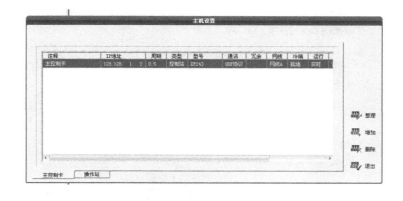

图 1-1-9　选择控制站

图 1-1-10　运行界面

3. CS2000 型装置的安全保护体系

① 总电源输入经带漏电保护器装置。

② 各种电源及各种仪表均有可靠的保护功能。

③ 实验装置强电系统采用独立开关控制，便于管理和防止触电事故的发生。

④ 实验装置和控制台均设有接地螺钉，要求可靠接地。控制台背部有警告标志，提醒实验人员在开门前必须断开电源。

模块二　集散控制系统基础知识

【学习目标】

1. 知识点

① 掌握集散控制系统（DCS）的基本概念。

② 了解 DCS 的设计思想。

③ 掌握 DCS 的体系结构及各层次的主要功能。

④ 了解 DCS 现场控制站的主要组成部分，掌握其基本功能。

⑤ 了解 DCS 操作站的基本构成及功能。

⑥ 了解 DCS 软件系统的主要内容。

⑦ 了解 DCS 的组态功能。

⑧ 了解数据通信基本知识。

⑨ 掌握通信网络基础知识。

2. 技能点

① 能够识别现有实训装置中 DCS 的各个组成部分。

② 能够利用现有资源，组成一个最小配置的 DCS。

③ 能够熟练地指出 DCS 各组成部分的功能特性。

一、集散控制系统的体系结构

集散控制系统（DCS）是随着现代大型工业生产自动化的不断兴起和过程控制要求的日益复杂应运而生的综合控制系统。DCS 可直译为"分布式控制系统"，"集散控制系统"是按中国人习惯理解而称谓的。集散控制系统的主要特征是集中管理和分散控制。它采用危险分散、控制分散，而操作和管理集中的基本设计思想，多层分级、合作自治的结构形式，同时也为正在发展的先进过程控制系统提供了必要的工具和手段。目前，DCS 在电力、冶金、石油、化工、制药等各种领域都得到了极其广泛的应用。

从总体结构上看，DCS 是由工作站和通信网络两大部分组成的，系统利用通信网络将各工作站连接起来，实现集中监视、操作、信息管理和分散控制。

集散控制系统经过 30 多年的发展，其结构不断更新。随着 DCS 开放性的增强，其层次化的体系结构特征更加显著，充分体现了 DCS 集中管理、分散控制的设计思想。DCS 是纵向分层、横向分散的大型综合控制系统，它以多层局部网络为依托，将分布在整个企业范围内的各种控制设备和数据处理设备连接在一起，实现各部分的信息共享和协调工作，共同完成各种控制、管理及决策任务。

DCS 的典型体系结构如图 1-2-1 所示。按照 DCS 各组成部分的功能分布，所有设备分别处于 4 个不同的层次，自下而上分别是现场控制级、过程控制级、过程管理级和经营管理级。与这 4 层结构相对应的 4 层局部网络分别是现场网络（Field Network，Fnet）、控制网络（Control Network，Cnet）、监控网络（Supervision Network，Snet）和管理网络（Management Network，Mnet）。

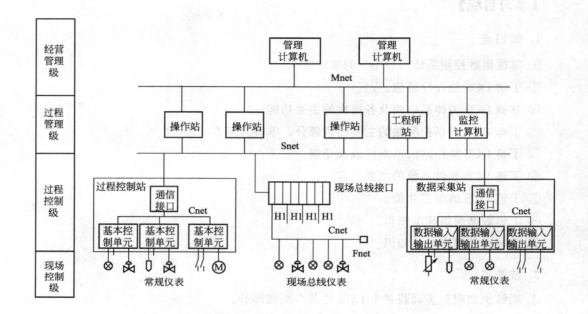

图 1-2-1　集散控制系统的体系结构

1. 现场控制级

现场控制级设备直接与生产过程相连，是 DCS 的基础。典型的现场控制级设备是各类传感器、变送器和执行器。它们将生产过程中的各种工艺变量转换为适宜于计算机接收的电信号（如常规变送器输出的 4～20mA DC 电流信号或现场总线变送器输出的数字信号），送往过程控制站或数据采集站；过程控制站又将输出的控制器信号（如 4～20mA DC 信号或现场总线数字信号）送到现场控制级设备，以驱动控制阀或变频调速装置等，实现对生产过程的控制。

归纳起来，现场控制级设备的任务主要有以下几个方面：

① 完成过程数据采集与处理；

② 直接输出操作命令，实现分散控制；

③ 完成与上级设备的数据通信，实现网络数据库共享；

④ 完成对现场控制级智能设备的监测、诊断和组态等。

现场网络与各类现场传感器、变送器和执行器相连，以实现对生产过程的监测与控制；同时与过程控制级的计算机相连，接收上层的管理信息，传递装置的实时数据。现场网络的信息传递有三种方式：

① 传统的模拟信号（如 4～20mA DC 或者其他类型的模拟量信号）传输方式；

② 全数字信号（现场总线信号）传输方式；

③ 混合信号（如在 4～20mA DC 模拟量信号上，叠加调制后的数字量信号）传输方式。

现场信息以现场总线为基础的全数字传输是今后的发展方向。

2. 过程控制级

过程控制级主要由过程控制站、数据采集站和现场总线接口等组成。

过程控制站接收现场控制级设备送来的信号，按照预定的控制规律进行运算，并将运算结果作为控制信号，送回到现场的执行器中去。过程控制站可以同时实现反馈控制、逻辑控制和顺序控制等功能。

数据采集站与过程控制站类似，也接收由现场设备送来的信号，并对其进行必要的转换和处理，然后送到集散控制系统中的其他工作站（如过程管理级设备）。数据采集站接收大量的非控制过程信息，并通过过程管理级设备传递给运行人员，它不直接完成控制功能。

在 DCS 的监控网络上可以挂接现场总线服务器（Fieldbus Server，FS），实现 DCS 网络与现场总线的集成。现场总线服务器是一台安装了现场总线接口卡与 DCS 监控网络接口卡的完整的计算机。现场设备中的输入、输出、运算、控制等功能模块，可以在现场总线上独立构成控制回路，不必借用 DCS 控制站的功能。现场设备通过现场总线与 FS 上的接口卡进行通信。FS 通过它的 DCS 网络接口卡与 DCS 网络进行通信。FS 和 DCS 可以实现资源共享，FS 可以不配备操作站或工程师站，直接借用 DCS 的操作站或工程师站实现监控和管理。

过程控制级的主要功能表现在以下几个方面：

① 采集过程数据，进行数据转换与处理；

② 对生产过程进行监测和控制，输出控制信号，实现反馈控制、逻辑控制、顺序控制和批量控制功能；

③ 现场设备及 I/O 卡件的自诊断；

④ 与过程管理级进行数据通信。

3. 过程管理级

过程管理级的主要设备有操作站、工程师站和监控计算机等。

操作站是操作人员与 DCS 相互交换信息的人机接口设备，是 DCS 的核心显示、操作和管理装置。操作人员通过操作站来监视和控制生产过程，可以在操作站上观察生产过程的运行情况，了解每个过程变量的数值和状态，判断每个控制回路是否工作正常，并且可以根据需要随时进行手动、自动、串级、后备串级等控制方式的无扰动切换，修改设定值，调整控制信号，操控现场设备，以实现对生产过程的控制。另外，它还可以打印各种报表，复制屏幕上的画面和曲线等。

为了实现以上功能，操作站需由一台具有较强图形处理功能的微型机以及相应的外部设备组成，一般配有 CRT 或 LCD 显示器、大屏幕显示装置（选件）、打印机、键盘、鼠标等。开放型 DCS 采用个人计算机作为人机接口。

工程师站是为了便于控制工程师对 DCS 进行配置、组态、调试、维护而设置的工作站。工程师站的另一个作用是对各种设计文件进行归类和管理，形成各种设计、组态文件，如各种图样、表格等。工程师站一般由 PC 配置一定数量的外部设备组成，例如打印机、绘图仪等。

监控计算机的主要任务是实现对生产过程的监督控制，如机组运行优化和性能计算，先进控制策略的实现等。根据产品、原材料库存及能源的使用情况，以优化准则来协调装置间的相互关系，实现全企业的优化管理。另外，监控计算机通过获取过程控制级的实时数据，进行生产过程的监视、故障检测和数据存档。由于监控计算机的主要功能是完成复杂的数据处理和运算，因此，对它主要有运算能力和运算速度的要求。一般来说，监控计算机由超级微型机或小型机构成。

4. 经营管理级

经营管理级是全厂自动化系统的最高一层。只有大规模的集散控制系统才具备这一级。经营管理级的设备可能是厂级管理计算机，也可能是若干个生产装置的管理计算机。它们所面向的使用者是厂长、经理、总工程师等行政管理或运行管理人员。

厂级管理系统的主要功能是监视企业各部门的运行情况，利用历史数据和实时数据预测可能发生的各种情况，从企业全局利益出发，帮助企业管理人员进行决策，帮助企业实现其计划目标。它从系统观念出发，从原料进厂到产品的销售，从市场和用户分析、订货、库存到交货，进行一系列的优化协调，从而降低成本，增加产量，保证质量，提高经济效益。此外，还应考虑商业事务、人事组织及其他各方面，并与办公自动化系统相连，实现整个系统的优化。

经营管理级也可分为实时监控和日常管理两部分。实时监控是全厂各机组和公用辅助工艺系统的运行管理层，承担全厂性能监视、运行优化、全厂负荷分配和日常运行管理等任务。日常管理承担全厂的管理决策、计划管理、行政管理等任务，主要为厂长和各管理部门服务。

对管理计算机的要求是具有能够对控制系统做出高速反应的实时操作系统，能够对大量数据进行高速处理与存储，具有能够连续运行可冗余的高可靠性系统，能够长期保存生产数据，并具有优良的、高性能的、方便的人机接口，丰富的数据库管理软件、过程数据收集软件、人机接口软件及生产管理系统生成等工具软件，能够实现整个工厂的网络化和计算机的集成化。

二、集散控制系统的硬件结构

DCS 的硬件系统主要由集中操作管理装置、分散过程控制装置和通信接口设备等组成，通过通信网络将这些硬件设备连接起来，共同实现数据采集、分散控制和集中监视、操作及管理等功能。由于不同 DCS 厂家采用的计算机硬件不尽相同，因此，DCS 的硬件系统之间的差别也很大，这里只从功能上和类型上来介绍 DCS 的硬件构成。集中操作管理装置的主要设备是操作站，而分散过程控制装置的主要设备是现场控制站。这里，着重介绍 DCS 的现场控制站和操作站。

（一）现场控制站

从功能上讲，分散过程控制装置主要包括现场控制站、数据采集站、顺序逻辑控制站和批量控制站等，其中现场控制站功能最为齐全，为了便于结构的划分，下面统称之为现场控制站。现场控制站是 DCS 与生产过程之间的接口，它是 DCS 的核心。分析现场控制站的构成，有助于理解 DCS 的特性。

一般来说，现场控制站中的主要设备是现场控制单元。现场控制单元是 DCS 直接与生产过程进行信息交互的 I/O 处理系统，它的主要任务是进行数据采集及处理，对被控对象实施闭环反馈控制、顺序控制和批量控制。用户可以根据不同的应用需求，选择配置不同的现场控制单元以构成现场控制站。它可以是以面向连续生产的过程控制为主，辅以顺序逻辑控制，构成一个可以实现多种复杂控制方案的现场控制站；也可以是以顺序控制、联锁控制功能为主的现场控制站；还可以是一个对大批量过程信号进行总体信息采集的现场控制站。

现场控制站是一个可独立运行的计算机检测控制系统。由于它是专为过程检测、控制而设计的通用型设备，所以其机柜、电源、输入/输出通道和控制计算机等，与一般的计算机系统有所不同。

1. 机柜

现场控制站的机柜内部均装有多层机架，以供安装各种模块及电源之用。为了给机柜内部的电子设备提供完善的电磁屏蔽，其外壳均采用金属材料（如钢板或铝材），并且活动部分（如柜门与机柜主体）之间要保证有良好的电气连接。同时，机柜还要求可靠接地，接地电阻应小于 4Ω。

为保证机柜中电子设备的散热降温，一般机柜内均装有风扇，以提供强制风冷。同时为防止灰尘侵入，在与柜外进行空气交换时，要采用正压送风，将柜外低温空气经过滤网过滤后引入柜内。在灰尘多、潮湿或有腐蚀性气体的场合（例如安装在室外使用时），一些厂家还提供密封式机柜，冷却空气仅在机柜内循环，通过机柜外壳的散热叶片与外界交换热量。为了保证在特别冷或热的室外环境下正常工作，还为这种密封式机柜设计了专门的空调装置，以保证柜内温度维持在正常值。另外，现场控制站机柜内大多设有温度自动检测装置，当机柜内温度超过正常范围时，会产生报警信号。

2. 电源

只有保持电源（交流电源和直流电源）稳定、可靠，才能确保现场控制站正常工作。

（1）保证电源系统可靠性的措施

为了保证电源系统的可靠性，通常采取以下几种措施。

① 每一个现场控制站均采用双电源供电，互为冗余。

② 如果现场控制站机柜附近有经常开、关的大功率用电设备，则应采用超级隔离变压器，将其初级、次级线圈间的屏蔽层可靠接地，以克服共模干扰的影响。

③ 如果电网电压波动很严重，应采用交流电子调压器，快速稳定供电电压。

④ 在石油、化工等对连续性控制要求特别高的场合，应配有不间断供电电源 UPS，以保证供电的连续性。现场控制站内各功能模块所需直流电源一般为 ±5V、±15V（或 ±12V）及 +24V。

（2）增加直流电源系统稳定性的措施

为增加直流电源系统的稳定性，一般可以采取以下几种措施。

① 为减少相互间的干扰，给主机供电与给现场设备供电的电源要在电气上隔离。

② 采用冗余的双电源方式给各功能模块供电。

③ 一般由统一的主电源单元将交流电变为 24V 直流电供给柜内的直流母线，然后通过 DC-DC 转换方式将 24V 直流电源变换为子电源所需的电压，主电源一般采用 1：1 冗余配置，而子电源一般采用 N：1 冗余配置。

3. 控制计算机

控制计算机是现场控制站的核心，一般由 CPU、存储器、总线、输入/输出通道等基本部分组成。

（1）CPU

尽管世界各地的 DCS 产品差别很大，但现场控制站大都采用 Motorola 公司 M68000 系列和 Intel 公司 80X86 系列的 CPU 产品。为提高性能，各生产厂家大都采用准 32 位或 32 位微处理器。由于数据处理能力的提高，因此可以执行复杂的先进控制算法，如自动整定、预测控制、模糊控制和自适应控制等。

（2）存储器

与其他计算机一样，控制计算机的存储器也分为 RAM 和 ROM。由于控制计算机在正常工作时运行的是一套固定的程序，DCS 中大都采用了程序固化的办法，因此在控制计算机中 ROM 占有较大的比例。有的系统甚至将用户组态的应用程序也固化在 ROM 中，只要一加电，控制站就可正常运行，使用更加方便，但修改组态时要复杂一些。

在一些采用冗余 CPU 的系统中，还特别设有双端口随机存储器，其中存放有过程输入/输出数据、设定值和 PID 参数等。两块 CPU 板均可分别对其进行读写，保证双 CPU 间运行数据的同步。当原先在线主 CPU 板出现故障时，原离线 CPU 板可立即接替工作，这样对生产过程不会产生任何扰动。

（3）总线

常见的控制计算机总线有 Intel 公司的多总线 MULTIBUS、"EOROCARD"标准的 VME 总线和 STD 总线。前两种总线都是支持多 CPU 的 16 位/32 位总线，由于 STD 总线是一种 8 位数据总线，使用受到限制，已经逐渐淡出市场。

近年来，随着 PC 在过程控制领域的广泛应用，PC 总线（ISA、EISA 总线等）在中规模 DCS 的现场控制站中也得到应用。

（4）输入/输出通道

过程控制计算机的输入/输出通道一般包括模拟量输入/输出（AI/AO）、开关量输入/输出（SI/SO）或数字量输入/输出（DI/DO），以及脉冲量输入通道（PI）。

① 模拟量输入/输出通道（AI/AO）。生产过程中的连续性被测变量（如温度、流量、液位、压力、浓度、pH 值等），只要由在线检测仪表将其转换为相应的电信号，均可送入模拟量输入通道 AI，经过 A/D 转换后，将数字量送给 CPU。而模拟量输出通道 AO 一般将计算机输出的数字信号转换为 4～20mA DC（或 1～5V DC）的连续直流信号，用于控制各种执行机构。

② 开关量输入/输出通道（SI/SO）。开关量输入通道 SI 主要用来采集各种限位开关、继电器或电磁阀联动触点的开、关状态，并输入计算机。开关量输出通道 SO 主要用于控制电磁阀、继电器、指示灯、声光报警器等只具有开、关两种状态的设备。

③ 脉冲量输入通道（PI）。许多现场仪表（如涡轮流量计、罗茨流量计及一些机械计数装置等）输出的测量信号为脉冲信号，它们必须通过脉冲量输入通道处理才能送入计算机。

（二）操作站

DCS 的人机接口装置一般分为操作站和工程师站。其中工程师站主要是技术人员与控制系统的接口，或者用于对应用系统进行监视。工程师站上配有组态软件，为用户提供一个灵活的、功能齐全的工作平台，通过它来实现用户所要求的各种控制策略。为节省投资，许多系统的工程师站可以用一个操作站代替。

运行在 PC 硬件平台、NT 操作系统下的通用操作站的出现，给 DCS 用户带来了许多方便。由于通用操作站的适用面广，相对生产量大，成本下降，因而可以节省用户的经费，维护费用也比较少。采用通用系统要比使用各种不同的专用系统更为简单，用户也可减少人员培训的费用。它开放性能好，很容易建立生产管理信息系统，更新和升级容易。因此，通用操作站是 DCS 的发展方向。

为了实现监视和管理等功能，操作站必须配置以下设备。

1. 操作台

操作台用来安装、承载和保护各种计算机和外部设备。目前流行的操作台有桌式操作台、集成式操作台和双屏操作台等，用户可以根据需要选择使用。

2. 微处理机系统

DCS 操作站的功能越来越强，这就对操作站的微处理机系统提出了更高的要求。一般的 DCS 操作站采用 32 位或 64 位微处理机。

3. 外部存储设备

为了很好地完成 DCS 操作站的历史数据存储功能，许多 DCS 的操作站都配有 1～2 个大容量的外部存储设备，有些系统还配备了历史数据记录仪。

4. 图形显示设备

当前 DCS 的图形显示设备主要是 LCD，有些 DCS 还在使用 CRT。有些 DCS 操作站配备有厂家专用的图形显示器。

5. 操作键盘和鼠标

(1) 操作员键盘

操作员键盘一般都采用具有防水、防尘能力，有明确图案或标志的薄膜键盘。这种键盘从键的分配和布置上都充分考虑到操作直观、方便，外表美观，并且在键体内装有电子蜂鸣器，以提示报警信息和操作响应。

(2) 工程师键盘

工程师键盘一般为常用的击打式键盘，主要用来进行编程和组态。

现代的 DCS 操作站已采用了通用 PC 系统，因此，无论操作员键盘还是工程师键盘，都在使用通用标准键盘和鼠标。

6. 打印输出设备

有些 DCS 操作站配有两台打印机，一台用于打印生产记录报表和报警报表，另一台用来复制流程画面。随着激光等非击打式打印机的性能不断提高，价格不断下降，有的 DCS 已经采用这类打印机，以求得清晰、美观的打印质量和降低噪声。

(三) 冗余技术

冗余技术是提高 DCS 可靠性的重要手段。由于采用了分散控制的设计思想，当 DCS 中某个环节发生故障时，仅仅使该环节失去功能，而不会影响整个系统的功能。因此，通常只对可能影响系统整体功能的重要环节或对全局产生影响的公用环节，有重点地采用冗余技术。自诊断技术可以及时检出故障，但是要使 DCS 的运行不受故障的影响，主要还是依靠冗余技术。

1. 冗余方式

DCS 的冗余技术可以分为多重化自动备用和简易的手动备用两种方式。多重化自动备用就是对设备或部件进行双重化或三重化设置，当设备或部件万一发生故障时，备用设备或部件自动从备用状态切换到运行状态，以维持生产继续进行。

多重化自动备用还可以进一步分为同步运转、待机运转、后退运转等三种方式。

同步运转方式就是让两台或两台以上的设备或部件同步运行，进行相同的处理，并将其输出进行核对。两台设备同步运行，只有当它们的输出一致时，才作为正确的输出，这种系统称为"双重化系统"（Dual System）。三台设备同步运行，将三台设备的输出信号进行比较，取两个相等的输出作为正确的输出值，这就是设备的三重化设置。这种方式具有很高的可靠性，但投入也比较大。

待机运转方式就是使一台设备处于待机备用状态。当工作设备发生故障时，启动待机设备来保证系统正常运行。这种方式称为 1∶1 的备用方式，这种类型的系统称为"双工系统"（Duplex System）。类似地，对于 N 台同样设备，采用一台待机设备的备用方式就称为 N∶1 备用。在 DCS 中一般对局部设备采用 1∶1 备用方式，对整个系统则采用 N∶1 的备用方式。待机运行方式是 DCS 中主要采用的冗余技术。

后退运转方式就是使用多台设备，在正常运行时，各自分担各种功能运行。当其中之一发生故障时，其他设备放弃其中一些不重要的功能，进行互相备用。这种方式显然是最经济的，但相互之间必然存在公用部分，而且软件编制也相当复杂。

简易的手动备用方式采用手动操作方式，实现对自动控制方式的备用。当自动方式发生故障时，通过切换成手动工作方式，来保持系统的控制功能。

2. 冗余措施

DCS 的冗余包括通信网络的冗余、操作站的冗余、现场控制站的冗余、电源的冗余、输入/输出模块的冗余等。通常将工作冗余称为"热备用"，而将后备冗余称为"冷备用"。DCS 中通信系统至关重要，几乎都采用一备一用的配置；操作站常采用工作冗余的方式。对现场控制站，冗余方式各不相同，有的采用 1：1 冗余，也有的采用 N：1 冗余，但均采用无中断自动切换方式。DCS 特别重视供电系统的可靠性，除了 220V 交流供电外，还采用了镍镉电池、铅钙电池及干电池等多级掉电保护措施。DCS 在安全控制系统中，采用了三重化甚至四重化冗余技术。

除了硬件冗余外，DCS 还采用了信息冗余技术，就是在发送信息的末尾增加多余的信息位，以提供检错及纠错的能力，降低通信系统的误码率。

三、集散控制系统的软件体系

一个计算机系统的软件一般包括系统软件和应用软件两部分。由于集散控制系统采用分布式结构，在其软件体系中除包括上述两种软件外，还增加了诸如通信管理软件、组态生成软件及诊断软件等。

1. 集散控制系统的系统软件

集散控制系统的系统软件是一组支持开发、生成、测试、运行和维护程序的工具软件，它与一般应用对象无关，主要由实时多任务操作系统、面向过程的编程语言和工具软件等部分组成。

操作系统是一组程序的集合，用来控制计算机系统中用户程序的执行顺序，为用户程序与系统硬件提供接口软件，并允许这些程序（包括系统程序和用户程序）之间交换信息。用户程序也称为应用程序，用来完成某些应用功能。在实时工业计算机系统中，应用程序用来完成功能规范中所规定的功能，而操作系统则是控制计算机自身运行的系统软件。

2. 集散控制系统的组态软件

DCS 组态是指根据实际生产过程控制的需要，利用 DCS 所提供的硬件和软件资源，预先将这些硬件设备和软件功能模块组织起来，以完成特定的任务的设计过程，习惯上也称做组态或组态设计。从大的方面讲，DCS 的组态功能主要包括硬件组态（又叫配置）和软件组态两个方面。

DCS 的软件体系通常可以为用户提供相当丰富的功能软件模块和功能软件包，控制工程师利用 DCS 提供的组态软件，将各种功能软件进行适当的"组装连接"（即组态），生成满足控制系统要求的各种应用软件。

(1) 现场控制单元的软件系统

现场控制单元的软件，主要由以实时数据库为中心的数据巡检、控制算法、控制输出和网络通信等软件模块组成。

实时数据库起到了中心环节的作用，在这里进行数据共享，各执行代码都与它交换数据，用来存储现场采集的数据、控制输出以及某些计算的中间结果和控制算法结构等方面的信息。数据巡检模块用以实现现场数据、故障信号的采集，并实现必要的数字滤波、单位变换、补偿运算等辅助功能。DCS的控制功能通过组态生成，不同的系统需要的控制算法模块各不相同，通常会涉及以下一些模块：算术运算模块、逻辑运算模块、PID控制模块、变形PID模块、手自动切换模块、非线性处理模块、执行器控制模块等。控制输出模块主要实现控制信号以故障处理的输出。

(2) 操作站的软件系统

DCS中的操作站用以完成系统的开发、生成、测试和运行等任务，这就需要相应的系统软件支持，这些软件包括操作系统、编程语言及各种工具软件等。一套完善的DCS，在操作站上运行的应用软件应能实现如下功能：实时数据库、网络管理、历史数据库管理、图形管理、历史数据趋势管理、数据库详细显示与修改、记录报表生成与打印、人机接口控制、控制回路调节、参数列表、串行通信和各种组态等。

DCS的开发过程主要是采用系统组态软件依据控制系统的实际需要生成各类应用软件的过程。组态软件功能包括基本配置组态和应用软件组态。基本配置组态是给系统一个配置信息，如系统的各种站的个数、它们的索引标志、每个控制站的最大点数、最短执行周期和内存容量等。应用软件的组态则包括比较丰富的内容，主要包括以下几个方面。

(1) 控制回路的组态

控制回路的组态本质上就是利用系统提供的各种基本的功能模块，来构成各种各样的实际控制系统。目前各种不同的DCS提供的组态方法各不相同，归纳起来有指定运算模块连接方式、判定表方式、步骤记录方式等。

指定运算模块连接方式是通过调用各种独立的标准运算模块，用线条连接成多种多样的控制回路，最终自动生成控制软件，这是一种信息流和控制功能都很直观的组态方法。

判定表方式是一种纯粹的填表形式，只要按照组态表格的要求，逐项填入内容或回答问题即可，这种方式很利于用户的组态操作。

步骤记录方式是一种基于语言指令的编写方式，编程自由度大，各种复杂功能都可通过一些技巧实现，但组态效率较低。另外，由于这种组态方法不够直观，往往对组态工程师在技术水平和组态经验有较高的要求。

(2) 实时数据库生成

实时数据库是DCS最基本的信息资源，这些实时数据由实时数据库存储和管理。在DCS中，建立和修改实时数据库记录的方法有多种，常用的方法是用通用数据库工具软件生成数据库文件，系统直接利用这种数据格式进行管理或采用某种方法将生成的数据文件转换为 DCS 所要求的格式。

(3) 工业流程画面的生成

DCS 是一种综合控制系统，它必须具有丰富的控制系统和检测系统画面显示功能。显然，不同的控制系统需要显示的画面是不一样的。总的来说，结合总貌、分组、控制回路、流程图、报警等画面，以字符、棒图、曲线等适当的形式表示出各种测控参数、系统状态，是 DCS 组态的一项基本要求。此外，根据需要还可显示各类变量目录画面、操作指导画面、故障诊断画面、工程师维护画面和系统组态画面。

(4) 历史数据库的生成

所有 DCS 都支持历史数据存储和趋势显示功能。历史数据库通常由用户在不需要编程的条件下，通过屏幕编辑编译技术生成一个数据文件，该文件定义了各历史数据记录的结构和范围。历史数据库中数据一般按组划分，每组内数据类型、采样时间一样。在生成时对各数据点的有关信息进行定义。

(5) 报表生成

DCS 的操作员站的报表打印功能，也是通过组态软件中的报表生成部分进行组态，不同的 DCS 在报表打印功能方面存在较大的差异。一般来说，DCS 支持如下两类报表打印功能：一是周期性报表打印，二是触发性报表打印，用户根据需要和喜好生成不同的报表形式。

DCS 软件一般采用模块化结构。系统的图形显示功能、数据库管理功能、控制运算功能、历史存储功能等都有成熟的软件模块，不同的应用对象对这些内容的要求有较大的区别。因此，一般的 DCS 具有一个（或一组）功能很强的软件工具包（即组态软件）。该软件具有一个友好的用户界面，使用户在不需要什么代码程序的情况下，便可生成自己需要的应用"程序"。

软件组态的内容比硬件配置丰富，它一般包括基本配置的组态和应用软件的组态。基本配置的组态是给系统一个配置信息，如系统的各种站的个数，它们的索引标志，每个现场控制站的最大测控点数、最短执行周期、最大内存配置，每个操作站的内存配置信息、磁盘容量信息等。而应用软件的组态则具有更丰富的内容，如数据库的生成、历史数据库（包括趋势图）的生成、图形生成、控制组态等。

随着 DCS 的发展，人们越来越重视系统的软件组态和配置功能，即系统中配有一套功能十分齐全的组态生成工具软件。这套组态软件通用性很强，可以适用于很多应用对象，而且系统的执行程序代码部分一般是固定不变的，为适应不同的应用对象只需要改变数据实体（包括图形文件、报表文件和控制回路文件等）即可。这样，既提高了系统的成套速度，又保证了系统软件的成熟性和可靠性。

四、集散控制系统的基本功能

集散控制系统自问世至今，市场上的产品不计其数。它们的结构类型各具特色，功能特性有弱有强，但一些基本功能是必须具备的。这里主要介绍现场控制站和操作站的基本功能，通信系统的基本功能在下一节中介绍。

(一) 现场控制站的基本功能

现代 DCS 的现场控制站是多功能型的，其基本功能包括反馈控制、逻辑控制、顺序控制、批量控制、数据采集与处理和数据通信等。

1. 反馈控制

在生产过程控制诸多类型中，反馈控制仍然是数量最多、最基本、最重要的控制方式。现场控制站的反馈控制功能主要包括输入信号处理、报警处理、控制运算、控制回路组态和输出信号处理等。

(1) 输入信号处理

对于过程的模拟量信号，一般要进行采样、模/数转换、数字滤波、合理性检验、规格化、工程量变换、零偏修正、非线性处理、补偿运算等。对于数字信号，则进行状态报警及输出方式处理。对于脉冲序列，需进行瞬时值变换及累积计算。其中信号采样、模/数转换、数字滤波等功能大家都很熟悉，这里不再赘述。

① 合理性检验。假如 A/D 转换超出规定时限，或接到指令后根本未进行转换，则"A/D卡件故障"置位，而系统给出"不合理"标志。如果是 A/D 转换超量程（读数大于上限值）或欠量程（读数小于下限值），则该转换信号将不做进一步处理，给出"读数不合理"标志。

② 零偏修正。模拟信号在 A/D 转换之前要进行前置放大，由温度、电源等环境因素变化所引起的放大器零点的漂移，可通过软件进行修正。通常是把输入短路时采集的放大器零漂值，取平均值存入内存，再在当前测量结果中扣除此零漂值。这种方法常用于零漂不超过通道模拟输出动态范围 10% 的场合。零漂严重时，可能使系统发生饱和，因此在零偏修正时，常设定一个漂移限值，超过该值，状态字中"零偏超出故障"置位，并发出报警。但这个零偏读数仍用来进行零点修正。

③ 规格化。模拟信号的规格化，是指将 1~5V DC 的模拟信号经 A/D 转换器变成规格化的数字量，该规格化数值送到计算机直接参与运算。规格化运算式为

$$x = \frac{u-1}{4}(x_m - x_0) + x_0 \tag{1-2-1}$$

式中　x——过程变量的规格化数值；

　　　x_m——过程变量上限的规格化值；

　　　x_0——过程变量下限的规格化值；

　　　u——模拟信号值。

④ 工程量变换。当监控计算机或操作站需显示或打印时，还应将规格化的数据转换成工程量单位值 y，按式(1-2-2)进行计算：

$$y = \frac{M(x - x_0)}{x_m - x_0} + y_0 \tag{1-2-2}$$

式中　M——用工程量单位表示的量程；

　　　y_0——用工程量单位表示的过程变量下限值。

【例 1-2-1】 设 1V 电压信号表示 10℃，5V 电压信号表示 200℃，求电压信号为 4V 时的规格化值及显示的工程量为多少？已知：温度上限对应的规格化值为 3847.0，温度下限对应的规格化值为 247.0。

解： 按式(1-2-1)，得 4V 时的规格化值为

$$x = \frac{4-1}{4} \times (3847.0 - 247.0) + 247.0 = 2947.0$$

代入式(1-2-2)，得 4V 时显示的工程量为

$$y = \frac{2947.0 - 247.0}{3847.0 - 247.0} \times (200 - 10) + 10 = 152.5$$

⑤ 非线性处理。对于温度与热电偶的电动势、热电阻的电阻值之间的非线性关系，可通过折线近似或曲线拟合的方法加以校正。DCS 在进行折线处理时，通常采用 10 段或更多段的折线来逼近非线性曲线，用户可根据需要正确设定组态数据。采用曲线拟合法时，多采用高次函数式。

⑥ 开方运算。对于二次方特性的数据，例如节流式流量计的差压信号与流量的平方成正比关系，为了使计算机的输入信号与物料流量成线性关系，需进行开方运算。当输入信号低于 1% 时，则进行小信号切除。

⑦ 补偿运算。测量流体流量时，由于流体操作条件下温度和压力的实际值，与仪表设计时的基准温度和基准压力可能不一致，这将使测量结果产生误差。为此，在测量气体或蒸汽流量时，通常进行温度和压力补偿；在测量液体流量时，通常进行密度或温度补偿。

⑧ 脉冲序列的瞬时值变换及累计。涡轮流量计、涡街流量计、罗茨流量计及一些机械计数装置等输出的测量信号均为脉冲信号。脉冲序列变换是将脉冲信号按计数速率的大小，线性转换成瞬时值。脉冲累计是通过计数器实现的，数据采集单元每次扫描时，从计数器存储单元读取累积值，叠加到数据库的累加器中，进行总量累加，并执行累加极限检查；计数器被"读"后即复位，从零开始重新计数。

（2）报警处理

集散控制系统具有完备的报警功能，使操作管理人员能得到及时、准确又简洁的报警信息，从而保证了安全操作。DCS 的报警可选择各种报警类型、报警限值和报警优先级。

① 报警类型。报警类型通常可分为仪表异常报警、绝对值报警、偏差报警、速率报警及累计值报警等。

仪表异常报警：当测量信号超过测量范围上限或下限的规定值（如超过上限 110%，超过下限 -10%）时，可认为检出元件或变送器出现断线等故障，发出报警信号。

绝对值报警：当变量的测量值或控制输出值超过上、下限报警设定值时，发出报警信号。

偏差报警：当测量值与报警设定值之差超过偏差设定值时，发出报警信号。

速率报警：为了监视过程变化的平稳情况，设置了"显著变化率报警"。当测量值或控制输出值的变化率（一定时间间隔的变化量）超过速率设定值时，发出报警信号。

累计值报警：对要求累加的输入脉冲信号进行当前值累计，并每次与累计值报警设定值

相比较，超限时即发出报警信号。

② 报警限值。为了实现预报警，DCS 中通常还设置了多重报警限，如上限、上上限、下限、下下限等。

③ 报警优先级。常用的报警优先级控制参数有报警优先级参数、报警链中断参数和最高报警选择参数等。设置这些参数，主要是为了使操作管理人员能从众多的报警信息中分出轻重缓急，便于报警信号的管理和操作。

a. 报警优先级参数，表示当超限报警发生时，报警信号的优先级别。它与过程变量的重要程度有关，与报警限值参数相对应，如测量值上限报警优先级、偏差值上限报警优先级等。

报警优先级由高到低依次是危险级、高级、低级、报表级和不需要报警级。危险级的报警信号在所有的报警总貌画面中都显示。高级的报警信号在区域报警画面和单元报警画面中显示。低级的报警信号只在单元报警画面中显示。报表级的报警信号只在报表中记录，并不送往操作站。不需要报警这一级，连报表都不予打印。对前三级的报警信号，操作站会以不同的声响、灯光进行报警。

b. 报警链中断参数，用于给出顺序事件的主要报警源。当某一关键过程变量首先报警而引发一系列后续报警时，为了使操作管理人员能及时找准首先发生的报警源，做出正确处理，报警链中断参数及时切断一系列次要的后续报警信号，为操作管理人员提供准确的关键报警信息。例如，某反应器由于进料量猛增，超出报警限，不仅使液面升高，同时因反应加剧，温度升高，釜压升高，也就是说由于进料流量的报警，引发了液面、温度、压力等一系列的报警。如果全部报警，则必然使操作管理人员眼花缭乱。采用报警链中断参数，可以把引发的一系列后续报警都切断，只给操作管理人员提供首先发生的流量报警信号，使报警信号简洁明了。而且在信息管理中，被切断的那些报警信息，仍可在报警日志中记录和显示。

c. 最高报警选择参数。当某个数据点的几个报警变量同时处于报警状态时，最高报警选择参数会确定最危险的那一个报警变量，并在报警画面中显示。这种情况常见于同时组态了 PV 值报警、PV 变化率报警、PV 坏值报警的场合。

(3) 控制运算

控制算法很多，不同的 DCS 其类型和数量亦有不同。常用的算法有常规 PID、微分先行 PID、积分分离、开关控制、时间比例式开关控制、信号选择、比率设定、时间程序设定、Smith 预估控制、多变量解耦控制、一阶滞后运算、超前-滞后运算及其他运算等。

(4) 控制回路组态

现场控制站中的回路组态功能类似于模拟仪表的信号配线和配管。由于现场控制站的输入/输出信号处理、报警检验和控制运算等功能是由软件实现的，这些软件构成了 DCS 内部的功能模块，或称做内部仪表。根据控制策略的需要，将一些功能模块通过软件连接起来，构成检测回路或控制回路，这就是回路组态。

(5) 输出信号处理

输出信号处理功能有输出开路检验、输出上下限检验、输出变化率限幅、模拟输出、开关输出、脉冲宽度输出等。

2. 逻辑控制

逻辑控制是根据输入变量的状态，按逻辑关系进行的控制。在 DCS 中，由逻辑功能模块实现逻辑控制功能。逻辑运算包括与（AND）、或（OR）、非（NO）、异或（XOR）、连接（LINK）、进行延时（ON DELAY）、停止延时（OFF DELAY）、触发器（FLIP-FLOP）、脉冲（PULSE）等。逻辑模块的输入变量包括数字输入/输出状态、逻辑模块状态、计数器状态、计时器状态、局部故障状态、连续控制 SLOT 的操作方式和监控计算机的计数溢出状态等。逻辑控制可以直接用于过程控制，实现工艺联锁，也可以作为顺序控制中的功能模块，进行条件判断、状态转换等。

3. 顺序控制

顺序控制就是按预定的动作顺序或逻辑，依次执行各阶段动作程序的控制方法。在顺序控制中可以兼用反馈控制、逻辑控制和输入/输出监视等功能。实现顺序控制的常用方法有顺序表法、程序语言方式和梯形图法等三种。

顺序表法是将控制顺序按逻辑关系和时间关系预先编成顺序记录，存储于管理文件中，然后逐项执行。

程序语言方式是通过语言编程来实现顺序控制的，所采用的语言是一种面向现场、面向过程的简单直观的控制语言。

梯形图法又称梯形逻辑控制语言，它是由继电器逻辑电路图演变而来的一种解释执行程序的设计语言。它的书写方式易被控制工程师理解和接受，实现起来也更方便。随着 DCS 的发展，已出现了梯形逻辑与连续控制算法相结合的复合控制功能。

4. 批量控制

批量控制就是根据工艺要求将反馈控制与逻辑、顺序控制结合起来，使一个间歇式生产过程得到合格产品的控制。例如，配制生产一种催化剂溶液，需经投料、加入定量溶剂、搅拌、加热并控制在一定温度、在此温度上保持一段时间、成品过滤排放等步骤，在这种生产过程中，每一步操作都是不连续的，但都有规定的要求，每步的转移又依赖一定的条件。这里除了要进行温度、流量的反馈控制外，还需要执行打开阀门、启动搅拌等开关控制及计时判断，要用顺序程序把这些操作按次序连接起来，定义每步操作的条件和要求，直接控制有关的现场设备，以得到满意的产品。由此可见，批量控制中的每一步中有的可能是顺序控制，有的可能是逻辑控制，有的可能是连续量的反馈控制，所以反馈控制的报警信号、回路状态信号，模拟信号的比较、判断、运算结果，都可以作为顺序控制的条件信号，回路的切换、参数的变更、设定值的调整、控制算法的变更、控制方案的变更等，又成为由顺序控制转换为反馈控制的条件。它们彼此交换信息，转换间断的各步骤，最终完成批量控制。

5. 辅助功能

除了以上各种功能外，过程控制装置还必须具有一些辅助性功能，才可以完成实际的过程控制。

（1）控制方式选择

DCS 有手动、自动、串级和计算机等四种控制方式可供选择。

① 手动方式（MAN），由操作站经由通信系统进行手动操作。

② 自动方式（AUT），以本回路设定值为目标进行自动运算，实现闭环控制。

③ 串级方式（CAS），以另一个控制器的输出值作为本控制器的设定值进行自动运算，实现自动控制。

④ 计算机方式（COMP），监控计算机输出的数据，经由通信系统作为本控制器设定值的控制方式，或者作为本控制器的后备，直接控制生产过程。

（2）测量值跟踪

增量型和速度型 PID 算法通常具有测量值跟踪功能，即在手动方式时，使本回路的设定值不再保持原来的值，而跟踪测量值。这样，从手动切换到自动时，偏差总是零，即使比例较小，PID 输出值也不会产生波动。切换到自动后，再逐步把设定值调整到所要求的数值。

（3）输出值跟踪

混合型 PID 算法，在设置测量值跟踪的同时，还需要设置输出值跟踪功能，即在手动方式时，使内存单元中 PID 输出值跟踪手操输出值。这样，从手动切换到自动时，由于内存单元中的数值与手操输出值相等，从而实现了无扰动切换。在自动方式时，手操器的输出值是始终跟踪控制器的自动输出值的，因此，从自动切换到手动时，手操器的输出值与 PID 的输出值相等，切换是无扰动的。

（二）操作站的基本功能

操作站的基本功能主要表现为显示、操作、报警、系统组态、系统维护和报告生成等几个方面。

1. 显示

操作站的彩色显示器（CRT 或 LCD）具有很强的显示功能。DCS 能将系统信息集中地反映在屏幕上，并自动地对信息进行分析、判断和综合。它以模拟方式、数字方式及趋势曲线实时显示每个控制回路的测量值（PV）、设定值（SV）及控制输出值（MV）。所有控制回路以标记形式显示于总貌画面中，而每个回路中的信息又可以详尽地显示于分组画面中。非控制变量的实时测量值及经处理后的输出值，也可以各种方式在屏幕上显示。

在显示器上，工艺设备和控制设备等的开关状态，运行、停止及故障状态，回路的操作状态（如手动、自动、串级等），顺序控制、批量控制的执行状态等，能以字符方式、模拟方式、图形及色彩等多种方式显示出来。

操作站还具有极强的画面生成、转换及协调能力，功能画面非常丰富，大大方便了操作和监视。

现代 DCS 的操作站采用通用操作站，它以 PC 硬件系统和 Windows NT 操作系统为平台，监控软件采用 IFIX、INTOUCH 等，并采用微软开发的动态数据交换通信协议 DDE（Dynamic Data Exchange）、快速 DDE 和 Suitelink 读取数据。不同型号的 DCS 采用不同的驱动软件，它们既可以作为服务器，也可以作为客户机，在企业内可组成综合管理信息系统（MIS）。为了保证操作站的安全运行，可以单独用一个集线器管理接口 HMI（Hub Management Interface）互连。通用监控软件通常有网络版的软件，经组态后，能通过网络组成服务器/客户机模式，把实时信息传到远方。在客户机中，可以实时查看通用软件做成的动态数据服务器数据库中的数据，也能把信息送入 MIS 的标准数据库中（如 SQL、SYBASE、ORACLE 等）。在它们的整套软件中，通用监控软件也有 Web 软件，安装成 Web 服务器。通过 Web 服务器，浏览动态数据服务器中的数据。

2. 操作

操作站可对全系统每个控制回路进行操作，对设定值、控制输出值、控制算式中的常数值、顺控条件值和操作值进行调整；对控制回路中的各种操作方式（如手动、自动、串级、计算机、顺序手动等）进行切换；对报警限设定值、顺控定时器及计数器的设定值进行修改和再设定。为了保证生产的安全，还可以采取紧急操作措施。

3. 报警

操作站以画面方式、色彩（或闪光）方式、模拟方式、数字方式及音响信号方式对各种变量的越限和设备状态异常进行各种类型的报警。

4. 系统组态

DCS 实际应用于生产过程控制时，需要根据设计要求，预先将硬件设备和各种软件功能模块组织起来，以使系统按特定的状态运行，这就是系统组态。

对于大型 DCS，其组态是在工程师站上完成的；而对于中、小型 DCS，其组态是在操作站上完成的。DCS 的组态分为系统组态和应用组态两类，相应地有系统组态软件和应用组态软件。

系统组态软件包括建立网络、登记设备、定义系统信息和分配系统功能，从而将一个物理的 DCS 构成一个逻辑的 DCS，便于系统管理、查询、诊断和维护。

应用组态软件用来建立功能模块，包括输入模块、输出模块、运算模块、反馈控制模块、逻辑控制模块、顺序控制模块和程序模块等，将这些功能模块适当地组合，从而构成控制回路，以实现各种控制功能。应用组态方式有填表式、图形式、窗口式及混合式等。

组态过程是先系统组态，后应用组态。组态主要针对过程控制级和过程管理级。设备组态的顺序是自上而下，先过程管理级，后过程控制级；功能组态的顺序恰好相反，先过程控制级，后过程管理级。

5. 系统维护

DCS 的各装置具有较强的自诊断功能，当系统中的某设备发生故障时，一方面立刻切换到备用设备，另一方面经通信网络传输报警信息，在操作站上显示故障信息，蜂鸣器等发出音响信号，督促工作人员及时处理故障。

6. 报告生成

根据生产管理需要，操作站可以打印各种班报、日报、操作日记及历史记录，还可以复制流程图画面等。

第二部分 实 验

实验一 EJA差压变送器校验实验

一、实验目的

① 熟悉 EJA 差压变送器的使用要求与内容。

② 运用实训系统测出其相关参数，并由此确定变送器的准确性。

二、实验设备

EJA 差压变送器、DT9205 万能表、BT200 智能手操器、TD-6 智能压力控制器。

三、实验工作原理

EJA 变送器主要由膜盒组件和智能电器转换部件两大部分组成，膜盒组件由单晶硅谐振传感器和特性修正存储器组成。单晶硅谐振传感器上有两个大小完全一致的 H 形状谐振梁。当传感器受压时，由单晶硅谐式传感器上的两个 H 形谐振梁分别将差压、压力信号转换为频率信号送到计数器，再将频率之差直接传递到 CPU（微处理器）进行数据处理，同时内置存储器将测量信号、范围、阻尼时间常数、工程单位、自给段信息、恒流输出模式、运算方式存储起来，通过 CPU 经 D/A 转换为与输入信号相对应的 4～20mA DC 模拟信号输出，并在模拟信号上叠加一个 BRAIN/HART 模拟信号进行通信。通过 I/O 接口与外部设备（如手持智能终端 BT200 以及 DCS 中带通信功能的 I/O 卡）以数字通信方式传递数据。

四、实验要求

① 仪器设备、工具摆放整齐。

② 设备操作规范。

③ 参数设定准确规范。

④ 原始数据记录完整，计算结果准确。

⑤ 按规定时间完成本实训。

五、实验步骤

① 检查工具。

② 填写记录单信息、被检点项。

③ 安装变送器（对角上螺钉）。

④ 安装三阀组及垫片（对角上螺钉）。

⑤ 安装数显表，开机，设置功能项，清零。

⑥ 用万用表检查线路通断，测电阻。

⑦ 连接线路、管路。

⑧ 检查回路电流。

⑨ 使用手操器设置变送器相关参数。

⑩ 开启三阀组（开平衡阀—高压阀—低压阀—关平衡阀）。

⑪ 关闭截止阀、回检阀，将平衡阀放在中间位置。

⑫ 校验台开机，设置量程的 1.2 倍。

⑬ 按启动键开始造压。

⑭ 开始检验。

⑮ 开始上行程。

⑯ 填写第一个点的数据以及上行程全部被检点并记录。

⑰ 将压力调到大于量程 5％以上后开始回检。

⑱ 开始下行程 5 点并记录数据。

⑲ 停用三阀组（开平衡阀—关低压阀—关高压阀—关平衡阀）。

⑳ 关闭数显表。

㉑ 将启动造压键关闭，开始放压（先开截止阀，再开回检阀）。

㉒ 关闭校验台电源键。

㉓ 线路与管路的拆卸。

㉔ 三阀组与变送器的拆卸。

㉕ 各部分完整复位。

六、实验数据记录

（1）填写变送器型号

名称	
型号选项	
模式	
电源	
输出	
最大工作压力	
出厂量程	
编号	

（2）正确设置数显表参数

分度号选择	小数点位置	量程下限	量程上限

（3）设置智能差压变送器的位号、量程（现场液位表头显示实际流量的百分比）

位号	单位	量程下限	量程上限	输出模式

（4）校验

安装调试完毕后，进行模拟输出测试，分别输出 4mA、8mA、12mA、16mA、20mA，进行现场与数显表对应校验。

变送器输出电流/mA		4	8	12	16	20
变送器显示值	标准值					
	实测值					
数显表显示值	标准值					
	实测值					

七、计算

允许误差：

最大误差：

允许回差：

最大回差：

结论：

实验二 气动薄膜调节阀的调校实验

一、实验目的

① 认识气动薄膜调节阀的结构。
② 学习气动薄膜调节阀的工作原理。
③ 学习气动薄膜调节阀的校准方法。

二、实验仪器设备

扳手、螺栓、螺母、百分表、磁力表座、螺丝刀。

三、气动执行器的组成与分类

1. 组成

气动执行器一般是由气动执行机构和控制阀两部分组成，根据需要还可以配上阀门定位器和齿轮机构等附件。

气动薄膜控制阀是一种典型的气动执行器。气动执行机构接受控制器（或转换器）的输出气压信号（0.02～0.1MPa），按一定的规律转换成推力，去推动控制阀。控制阀为执行器的调节机构部分，它与被调节介质直接接触，在气动执行机构的推动下，使阀门产生一定的位移，以改变阀芯与阀座间的流通面积，来控制被调介质的流量。

2. 执行机构的分类

气动执行机构主要有薄膜式和活塞式两种。其他还有长行程执行机构与滚筒膜片执行机构等。

薄膜式执行机构具有结构简单、动作可靠、维修方便、价格便宜等特点，通常接受0.02～0.1MPa的压力信号，是一种用得较多的气动执行机构。气动薄膜式执行机构有正作用和反作用两种形式。根据有无弹簧可分为有弹簧的及无弹簧的执行机构，有弹簧的薄膜式执行机构最为常用，无弹簧的薄膜式执行机构常用于双位式控制。

活塞式执行机构在结构上是无弹簧的气缸活塞式，允许操作压力为0.5MPa，且无弹簧抵消推力，故具有很大的输出力，适用于高静压、高压差、大口径的场合。

长行程执行机构由于采用了力平衡原理和杠杆放大机构，因而提高了精度与灵敏度，可用于需要大转矩的蝶阀、风门、挡板等场合。

3. 控制阀的分类

控制阀是按信号压力的大小，通过改变阀芯行程来改变阀的阻力系数，以达到调节流量的目的。

根据不同的使用要求，控制阀的结构形式主要有以下几种。

（1）直通单座控制阀

直通单座控制阀的阀体内只有一个阀芯与阀座，如图 2-2-1 所示。其特点是结构简单，价格便宜，易于保证关闭，甚至完全切断。但是在压差大的时候，流体对阀芯上、下作用的推力不平衡，这种不平衡力会影响阀芯的移动。因此这种阀一般应用在小口径、低压差的场合。

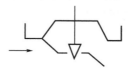

图 2-2-1　直通单座控制阀

（2）直通双座控制阀

直通双座控制阀的阀体内有两个阀芯和两个阀座，如图 2-2-2 所示。它的流通能力比同口径的单座阀大。由于流体作用在上、下阀芯上的推力方向相反而大小近似相等，因此介质对阀芯造成的不平衡力小，允许使用的压差较大，应用比较普遍。但是，因加工精度的限制，上、下两个阀芯不易保证同时关闭，所以关闭时泄漏量大。阀体内流路复杂，用于高压差时对阀体的冲蚀损伤较严重，不宜用在高黏度和含悬浮颗粒或纤维介质的场合。

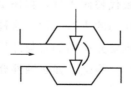

图 2-2-2　直通双座控制阀

（3）角形控制阀

角形阀的两个接管呈直角形，一般为底进侧出，如图 2-2-3 所示。这种阀的流路简单，阻力较小，适于现场管道要求直角连接，介质为高黏度、高压差和含有少量悬浮物和固体颗粒状的场合。

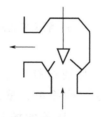

图 2-2-3　角形控制阀

（4）高压控制阀

高压控制阀的结构形式大多为角形，阀芯头部掺铬或镶以硬质合金，以适应高压差下的冲刷和汽蚀。为了减少高压差对阀的汽蚀，有时采用几级阀芯，把高差压分开，各级都承担一部分压差以减少损失。

（5）三通控制阀

三通控制阀有三个出入口与工艺管道连接，其流通方式有分流（一种介质分成两路）和合流（两种介质混合成一路）两种，如图 2-2-4 所示。这种产品基本结构与单座阀或双座阀相仿。通常可用来代替两个直通阀，适用于配比调节和旁路调节。与直通阀相比，组成同样的系统时可省掉一个二通阀和一个三通接管。

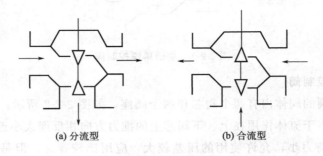

(a) 分流型　　　　(b) 合流型

图 2-2-4　三通控制阀

（6）隔膜控制阀

它采用耐腐蚀衬里的阀体和隔膜代替阀组件，如图 2-2-5 所示。当阀杆移动时，带动隔膜上下动作，从而改变它与阀体堰面间的流通面积。这种控制阀结构简单，流阻小，流通能力比同口径的其他种类的大。由于流动介质用隔膜与外界隔离，故无填料密封，介质不会外漏。这种阀耐腐蚀性强，适用于强酸、强碱、强腐蚀性介质的调节，也能用于高黏度及悬浮颗粒介质的调节。

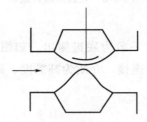

图 2-2-5　隔膜控制阀

（7）蝶阀

又名翻板阀，如图 2-2-6 所示。它是通过杠杆带动挡板轴使挡板偏转，改变流通面积，达到改变流量的目的。蝶阀具有结构简单、重量轻、价格便宜、流阻极小的优点，但泄漏量大。适用于大口径、大流量、低压差的场合，也可用于浓浊浆状或悬浮颗粒状介质的调节。

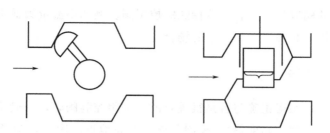

图 2-2-6　蝶阀

（8）球阀

球阀的阀芯与阀体都呈球形体，转动阀芯使之与阀体处于不同的相对位置时，就具有不同的流通面积，以达到流量能够控制的目的，如图 2-2-7 所示。球阀阀芯有"V"形和"O"形两种开口形式。

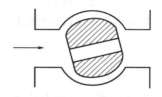

图 2-2-7　球阀

（9）凸轮挠曲阀

又名偏心旋转阀，如图 2-2-8 所示，它的阀芯呈扇形球面状，与挠曲臂及轴套一起铸成，固定在转动轴上。凸轮挠曲阀的挠曲臂在压力作用下能产生挠曲变形，使阀芯球面与阀座密封圈紧密接触，密封性良好。同时，它重量轻，体积小，安装方便。适用于既要求调节又要求密封的场合。

图 2-2-8　凸轮挠曲阀

（10）笼式阀

又名套筒型控制阀，它的阀体与一般直通单座阀相似。笼式阀的阀体内有一个圆柱形套筒，也叫笼子。套筒壁上开有一个或几个不同形状的孔（窗口），利用套筒导向，阀芯可在套筒中上下移动，由于这种移动改变了笼子的节流孔面积，就形成各种特性并实现流量调节。笼式阀的可调比大，振动小，不平衡力小，结构简单，套筒互换性好，部件所受气蚀也小，更换不同的套筒（窗口形状不同）即可得到不同的流量特性，是一种性能优良的阀，特别适用于要求低噪声及压差较大的场合，但不适用高温、高黏度及含有固体颗粒的流体。

除以上所介绍的阀以外，还有一些特殊的控制阀。例如小流量阀适用于小流量的精密控制阀，超高压阀适用于高静压、高压差的场合。

四、控制阀的选择

气动薄膜控制阀选用得正确与否是很重要的。选用控制阀时，一般要根据被调介质的特点（温度、压力、腐蚀性、黏度等）、控制要求、安装地点等因素，参考各种类型控制阀的特点合理地选用。在具体选用时，一般考虑下列几个主要方面的问题。

1. 控制阀结构与特性的选择

控制阀的结构形式主要根据工艺条件，如温度、压力及介质的物理、化学特性（如腐蚀性、黏度等）来选择。例如强腐蚀介质可采用隔膜阀，高温介质可选用带翅形散热片的结构形式。

控制阀的结构形式确定以后，还需确定控制阀的流量特性（阀芯的形状）。一般是先按控制系统的特点来选择阀的希望流量特性，然后再考虑工艺配管情况来选择相应的理想流量特性。

2. 气开式与气关式的选择

气动执行器有气开式与气关式两种形式。有压力信号时阀关、无信号压力时阀开的为气关式。反之，为气开式。由于执行机构有正、反作用，控制阀（具有双导向阀芯的）也有正、反作用，因此气动执行器的气开或气关即由此组合而成，如图 2-2-9 和表 2-2-1 所示。

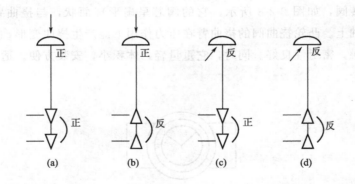

图 2-2-9　组合方式图

表 2-2-1　组合方式表

序号	执行机构	控制阀	气动执行器
图 2-2-9(a)	正	正	气关（反）
图 2-2-9(b)	正	反	气开（正）
图 2-2-9(c)	反	正	气开（正）
图 2-2-9(d)	反	反	气关（反）

气开、气关的选择主要从工艺生产上安全要求出发，考虑原则是：信号压力中断时，应保证设备和操作人员的安全。如果阀处于打开位置时危害性小，则应选用气关式，以使气源

系统发生故障，气源中断时，阀门能自动打开，保证安全。反之阀处于关闭时危害性小，则应选用气开阀。

3. 控制阀口径的选择

控制阀口径选择的合适与否将会直接影响控制效果。口径选择的过小，会使流经控制阀的介质达不到所需要的最大流量。口径选择的过大，不仅会浪费设备投资，而且会使控制阀经常处于小开度工作，控制性能也会变差，容易使控制系统变得不稳定。

控制阀口径的选择实质上就是根据特定的工艺条件（即给定的介质流量、阀前后的压差以及介质的物性参数等），进行控制阀流量系数的计算，然后按控制阀生产厂家的产品目录，选出相应的控制阀口径，目的是通过控制阀的流量满足工艺要求的最大流量，且留有一定的裕量，但裕量不宜过大。

五、实验原理

1. 气动薄膜控制阀执行机构的工作原理

从结构来说，执行器一般由执行机构和调节机构两部分组成，如图 2-2-10 所示。其中，执行机构是执行器的推动部分，它按照控制器所给信号的大小产生推力或位移；调节机构是执行器的调节部分，最常见的是控制阀，它接受执行机构的操纵，改变阀芯与阀座间的流通面积，调节工艺介质的流量。

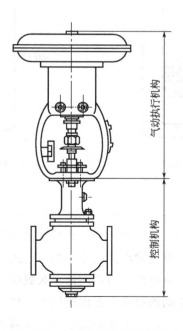

图 2-2-10　气动薄膜控制阀外形图

当来自控制器的信号压力通入到薄膜气室时，在膜片上产生一个推力，并推动推杆部件向下移动，使阀芯和阀座之间的空隙减小（即流通面积减小），流体受到的阻力增大，流量减小。推杆下移的同时，弹簧受压产生反作用力，直到弹簧的反作用力与信号压力在膜片上产生的推力相平衡为止，此时，阀芯与阀座之间的流通面积不再改变，流体的流量稳定，可见，控制阀是根据信号压力的大小，通过改变阀芯的行程来改变阀的阻力大小，达到控制流量的目的。

2. 阀的工作原理

气动薄膜执行机构主要用作一般控制阀（包括蝶阀）的推动装置，分有弹簧和无弹簧两种。无弹簧的气动薄膜执行机构常用于双位式控制。有弹簧的气动薄膜执行机构按作用形式分为正作用和反作用两种。正作用式气动薄膜执行机构，当来自控制器或阀门定位器的信号压力增大时，推杆向下动作的叫正作用执行机构；当信号压力增大时，推杆向上动作的叫反作用执行机构。正作用机构的信号压力是通入波纹膜片上方的薄膜气室，而反作用机构的信号压力是通入波纹膜片下方的薄膜气室。通过更换个别零件，两者便能互相改装。

气动薄膜控制阀工作原理如图 2-2-11 所示。

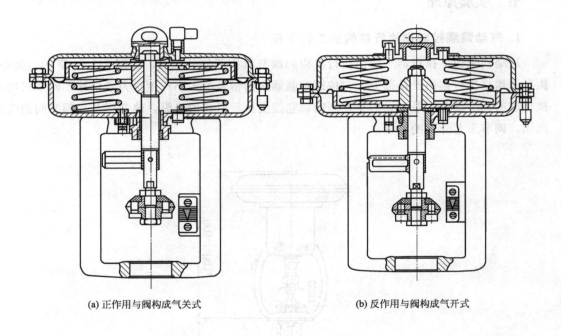

(a) 正作用与阀构成气关式　　　　　　　(b) 反作用与阀构成气开式

图 2-2-11　气动薄膜控制阀工作原理图

阀门定位器是气动执行器的一种辅助仪表，它与气动执行器配套使用。阀门定位器是按力矩平衡原理工作的，来自调节器或输出式安全栅的 4～20mA 直流信号输入到转换组件中的线圈时，由于线圈两侧各有一块极性方向相同的永久磁铁，所以线圈产生的磁场与永久磁铁的恒定磁场共同作用在线圈中间的可动铁芯即阀杆上，使杠杆产生位移。当输入信号增加时，杠杆向下运动，固定在杠杆上的挡板便靠近喷嘴，使放大器背压增高，经放大后输出气压也随之增高。此输出气压作用在控制阀的膜头上，使控制阀的阀杆向下运动。阀杆的位移通过拉杆转换为反馈轴和反馈压板的角位移，并通过调量程支点作用于反馈弹簧上，该弹簧被拉伸，产生一个反馈力矩，使杠杆做顺时针偏转，当反馈力矩和电磁力矩平衡时，阀杆就稳定于某一位置，从而实现了阀杆位移与输入信号电流成正比例的关系。调整调量程支点于适当位置，可以满足控制阀不同行程的要求。而阀门根据控制信号的要求而改变阀门开度的大小来调节流量，是一个局部阻力可以变化的节流元件。控制阀门主要由上下阀盖、阀体、阀瓣、阀座、填料及压板等部件组成。阀门定位器与阀门配套使用，组成一个闭合控制回路系统。该系统主要由磁电组件、零位弹簧、挡板、气动功率放大器、调节阀、反馈杠杆、量程调节机构、反馈弹簧组成。

六、实验步骤

气动薄膜控制阀安装实验步骤如表 2-2-2 所示。

表 2-2-2　气动薄膜控制阀安装实验步骤

实验步骤	实验说明	实验方法
安装阀门	阀芯与阀盖的安装	
	放置垫圈	
	安装阀芯	

续表

实验步骤	实验说明	实验方法
安装阀门	安装导向块	
	放置垫圈	
	安装阀盖螺母,对角均匀锁紧	

续表

实验步骤	实验说明	实验方法
安装阀门	用木棍压下阀杆,阀芯与阀座接触	
	安装压紧螺钉	
执行器支架的安装	安装指针片	
	安装执行器支架,用锁紧块(平面在上)把支架锁紧	

续表

实验步骤	实验说明	实验方法
执行器支架的安装	安装上推杆	
	锁紧螺母、指针、膜头的安装	
	安装锁紧螺母与上推杆	
	安装膜片	

实验步骤	实验说明	实验方法
执行器支架的安装	放置弹簧定位板	
	安装上限位件,用垫片和螺钉锁紧	
	正确放置 4 个弹簧,放置膜盖	
	安装螺钉(先装长螺钉,后装短螺钉,对角均匀锁紧)	

续表

实验步骤	实验说明	实验方法
执行器支架的安装	安装防雨帽	

七、常见问题及解决方法

控制阀安装与调校过程中常见问题及解决方法如表 2-2-3 所示。

表 2-2-3　常见问题及解决方法

故障现象	产生原因	排除方法
1. 有输入信号无动作	机构故障	检修执行机构
	阀杆弯曲或折断	更换阀杆
	销子脱落（销子断）	更换销子
	与衬套或阀座卡死	检查同轴度并重新安装
	放大器的恒节流孔堵塞	用铜丝去除恒节流孔杂物
2. 阀全闭时泄漏量大	阀座腐蚀、磨损	可研磨阀座，严重的应更换阀芯阀座
	螺纹腐蚀	换阀座
3. 阀达不到全闭位置	压差大于阀的允许压差	取大一挡输出力的执行机构或安装定位器
	内有异物	清除异物
4. 阀动作不稳定造成振动现象	机构刚度太小	取大一挡刚度的执行机构或安装定位器
	摩擦力大	加润滑油减轻摩擦
	口径选得太大,使阀在小开度工作	选择小阀口径
	不稳	固定支撑
	有振动源	消除振动源
5. 密封填料渗漏	压板没压紧	固定填料压板
	变质损坏	换填料
	阀杆损坏	换阀杆
6. 阀体与上阀盖连接处渗漏	密封垫损坏	换密封垫
	螺母松弛	拧紧螺母
7. 阀体与上阀盖连接处渗漏	密封垫损坏	换密封垫
	六角螺母松弛	拧紧六角螺母

续表

故障现象	产 生 原 因	排 除 方 法
8. 阀动作迟钝	阀体内有泥浆或黏性大的介质,使阀堵塞或结焦	清除阀内异物
	聚四氟乙烯填料硬化变质	应更换填料
	膜片损坏	应更换膜片
	执行机构气室漏气	应检查漏气处
9. 阀可调范围变小	阀芯被腐蚀,使最小流量变大	应更换阀芯

八、气动执行器的安装和维护

气动执行器的正确安装和维护,是保证它能发挥应有效用的重要一环。对气动执行器的安装和维护,一般应注意下列几个问题。

① 为便于维护检修,气动执行器应安装在靠近地面或楼板的地方。

② 气动执行器应安装在环境温度不高于+60℃和不低于-40℃的地方,并应远离振动较大的设备。

③ 阀的公称通径与管道公称通径不同时,两者之间应加一段异径管。

④ 气动执行器应该是正立垂直安装于水平管道上。特殊情况下需要水平或倾斜安装时,除小口径阀外,一般应加支撑。即使正立垂直安装,当阀的自重较大和有振动场合时,也应加支撑。

⑤ 通过控制阀的流体方向在阀体上有箭头标明,不能装反。

⑥ 控制阀前后一般要各装一只切断阀,以便修理时拆下控制阀。考虑到控制阀发生故障或维修时,不影响工艺生产的继续进行,一般应装旁路阀。如图 2-2-12 所示。

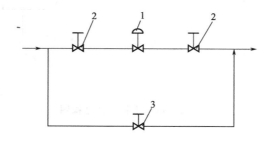

图 2-2-12 控制阀在管道中的安装

1—调节阀;2—切断阀;3—旁路阀

⑦ 控制阀安装前,应对管路进行清洗,排去污物和焊渣。安装后还应再次对管路和阀门进行清洗,并检查阀门与管道连接处的密封性能。当初次通入介质时,应使阀门处于全开位置以免杂质卡住。

⑧ 在日常使用中,要对控制阀经常维护和定期检修。

实验三 一阶单容上水箱对象特性测试实验

一．实验目的

① 熟悉单容水箱的数学模型及其阶跃响应曲线。

② 根据由实际测得的单容水箱液位的阶跃响应曲线，用相关的方法分别确定它们的参数。

二、实验设备

CS2000 型过程控制实验装置，PC 机，DCS 控制系统与监控软件。

三、系统结构框图

单容水箱如图 2-3-1 所示。

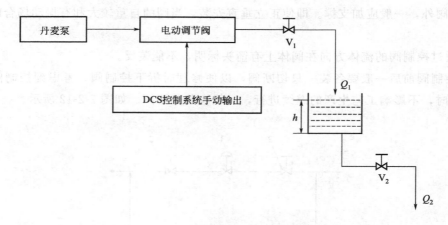

图 2-3-1 单容水箱系统结构图

四、实验原理

阶跃响应测试法是系统在开环运行条件下，待系统稳定后，通过调节器或其他操作器，手动改变对象的输入信号（阶跃信号），同时记录对象的输出数据或阶跃响应曲线。然后根据已给定对象模型的结构形式，对实验数据进行处理，确定模型中各参数。

图解法是确定模型参数的一种实用方法。不同的模型结构，有不同的图解方法。单容水箱对象模型用一阶加时滞环节来近似描述时，常可用两点法直接求取对象参数。

如图 2-3-1 所示，设水箱的进水量为 Q_1，出水量为 Q_2，水箱的液面高度为 h，出水阀 V_2 固定于某一开度值。根据物料动态平衡的关系，求得：

$$R_2 C \times \frac{\mathrm{d}\Delta h}{\mathrm{d}t} + \Delta h = \Delta h - R_2 \Delta Q_2 \qquad (2\text{-}3\text{-}1)$$

在零初始条件下，对上式求拉氏变换，得：

$$G(s) = \frac{H(s)}{Q_1(s)} = \frac{R_2}{R_2 Cs + 1} = \frac{K}{Ts + 1} \qquad (2\text{-}3\text{-}2)$$

式中，T 为水箱的时间常数（注意：阀 V_2 的开度大小会影响到水箱的时间常数），$T = R_2 C$，$K = R_2$ 为单容对象的放大倍数，R_1、R_2 分别为 V_1、V_2 阀的液阻，C 为水箱的容量系数。令输入流量 Q_1 的阶跃变化量为 R_0，其拉氏变换式为 $Q_1(s) = R_0/s$，R_0 为常量，则输出液位高度的拉氏变换式为：

$$H(s) = \frac{KR_0}{s(Ts+1)} = \frac{KR_0}{s} - \frac{KR_0}{s + 1/T} \qquad (2\text{-}3\text{-}3)$$

当 $t = T$ 时，则有：

$$h(T) = KR_0(1 - \mathrm{e}^{-1}) = 0.632KR_0 = 0.632h(\infty)$$

即

$$h(t) = KR_0(1 - \mathrm{e}^{-t/T})$$

当 $t \to \infty$ 时，$h(\infty) = KR_0$，因而有 $K = h(\infty)/R_0 = $ 输出稳态值/阶跃输入。

式(2-3-3) 表示一阶惯性环节的响应曲线是一单调上升的指数函数，如图 2-3-2 所示。当由实验求得图 2-3-2 所示的阶跃响应曲线后，该曲线上升到稳态值的 63% 所对应时间，就是水箱的时间常数 T。该时间常数 T 也可以通过坐标原点对响应曲线作切线，切线与稳态值交点所对应的时间就是时间常数 T，其理论依据是：

$$\frac{\mathrm{d}h(t)}{\mathrm{d}t}\bigg|_{t=0} = \frac{KR_0}{T}\mathrm{e}^{-\frac{1}{T}t}\bigg|_{t=0} = \frac{KR_0}{T} = \frac{h(\infty)}{T}$$

上式表示 $h(t)$ 若以在原点时的速度 $h(\infty)/T$ 恒速变化，即只要花 $T(\mathrm{s})$ 时间就可达到稳态值 $h(\infty)$。

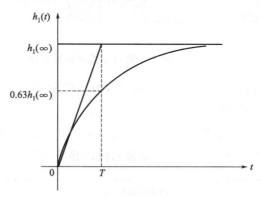

图 2-3-2 阶跃响应曲线

五、实验内容与步骤

1. 对象的连接和检查

① 将 CS2000 实验对象的储水箱灌满水（至最高位置）。

② 打开以水泵、电动调节阀、孔板流量计组成的动力支路至上水箱的出水阀门，关闭动力支路上通往其他对象的切换阀门。

③ 打开上水箱的出水阀至适当开度。

2. 实验步骤

① 打开控制柜中水泵、电动调节阀的电源开关。

② 启动 DCS 上位机组态软件，进入主画面，然后进入本实验画面（图 2-2-3）。

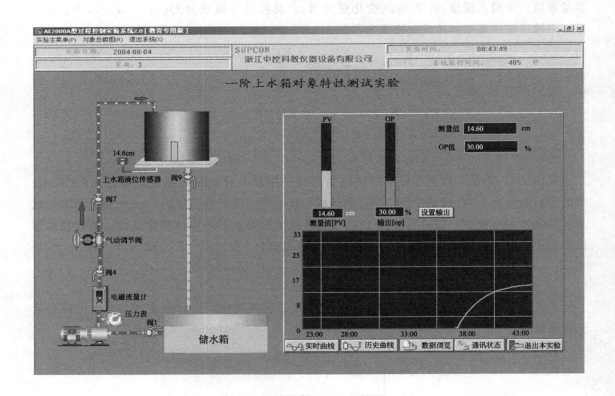

图 2-3-3 一阶上水箱对象特性测试实验

③ 用鼠标点击调出 PID 窗体框，然后在"MV"栏中设定电动调节阀一个适当开度（此实验必须在手动状态下进行）。

④ 观察系统的被调量：上水箱的水位是否趋于平衡状态。若已平衡，应记录系统输出值，以及水箱水位的高度 h_1 和上位机的测量显示值，并填入下表：

系统输出值	水箱水位高度 h_1	上位机显示值
0～100	cm	cm

⑤ 迅速增加系统输出值，增加 5％的输出量，记录此引起的阶跃响应的过程参数，它们均可在上位软件上获得，以所获得的数据绘制变化曲线：

T/s											
水箱水位 h_1/cm											
上位机读数/cm											

⑥ 直到进入新的平衡状态，再次记录平衡时的下列数据，并填入下表：

系统输出值	水箱水位高度 h_1	上位机显示值
0～100	cm	cm

⑦ 将系统输出值调回到步骤⑤前的位置，再用秒表和数字表记录由此引起的阶跃响应过程参数与曲线，填入下表：

t/s											
水箱水位 h_1/cm											
上位机读数/cm											

⑧ 重复上述实验步骤。

六、实验报告要求

① 作出一阶环节的阶跃响应曲线。

② 根据实验原理中所述的方法，求出一阶环节的相关参数。

七、注意事项

① 本实验过程中，出水阀不得任意改变开度大小。

② 阶跃信号不能取得太大，以免影响正常运行；但也不能过小，以防止因读数误差和其他随机干扰影响对象特性参数的精确度。一般阶跃信号取正常输入信号的 5％～15％。

③ 在输入阶跃信号前，过程必须处于平衡状态。

八、思考题

① 在做本实验时，为什么不能任意变化上水箱出水阀的开度大小？

② 用两点法和用切线对同一对象进行参数测试，它们各有什么特点？

实验四 二阶双容下水箱对象特性测试实验

一、实验目的

① 熟悉双容水箱的数学模型及其阶跃响应曲线。
② 根据由实际测得的双容液位阶跃响应曲线，分析双容系统的飞升特性。

二、实验设备

CS2000 型过程控制实验装置，PC 机，DCS 控制系统与监控软件。

三、实验原理

如图 2-4-1 所示，由两个一阶非周期惯性环节串联起来，输出量是下水箱的水位 h_2。当输入量有一个阶跃增加 ΔQ_1 时，输出量变化的反应曲线如图 2-4-2 所示的 Δh_2 曲线。它不再是简单的指数曲线，而是使调节对象的飞升特性在时间上更加落后一步。在图中 S 形曲线的拐点 P 上作切线，它在时间轴上截出一段时间 OA。这段时间可以近似地衡量由于多了一个容量而使飞升过程向后推迟的程度，因此称容量滞后，通常以 τ 代表之。设流量 Q_1 为双容水箱的输入量，下水箱的液位高度 h_2 为输出量，根据物料动态平衡关系，并考虑到液体传输过程中的时延，其传递函数为：

$$\frac{H_2(s)}{Q_1(s)}=G(s)=\frac{K}{(T_1s+1)(T_2s+1)}\mathrm{e}^{-\tau s} \tag{2-4-1}$$

式中 $K=R_3$，$T_1=R_2C_1$，$T_2=R_3C_2$，R_2、R_3 分别为阀 V_2 和 V_3 的液阻，C_1 和 C_2 分别为上水箱和下水箱的容量系数。式中的 K、T_1 和 T_2 须由实验求得的阶跃响应曲线上

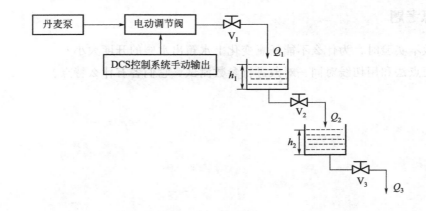

图 2-4-1 双容水箱系统结构图

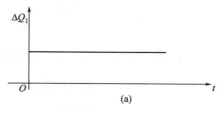

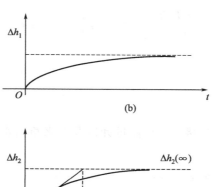

图 2-4-2　输出量变化的反应曲线

求出。具体的做法是在图 2-4-3 所示的阶跃响应曲线上取：

① $h_2(t)$ 稳态值的渐近线 $h_2(\infty)$；

② $h_2(t)|_{t=t_1} = 0.4h_2(\infty)$ 时曲线上的点 A 和对应的时间 t_1；

③ $h_2(t)|_{t=t_2} = 0.8h_2(\infty)$ 时曲线上的点 B 和对应的时间 t_2。

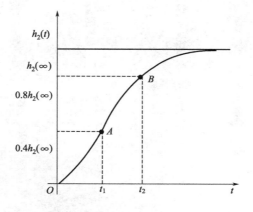

图 2-4-3　阶跃响应曲线图

然后，利用下面的近似公式计算式（2-4-1）中的参数 K、T_1 和 T_2。其中：

$$K = \frac{h_2(\infty)}{R_0} = \frac{输入稳态值}{阶跃输入量}$$

$$T_1 + T_2 \approx \frac{t_1 + t_2}{2.16} \tag{2-4-2}$$

对于式中的二阶过程，$0.32 < t_1/t_2 < 0.46$。当 $t_1/t_2 = 0.32$ 时 $T_1 = T_2 = T = \frac{(t_1+t_2)}{2} \times$ 2.18，可近似为一阶环节；当 $t_1/t_2 = 0.46$ 时，过程的传递函数

$$G(s) = K/(Ts+1)2$$

$$\frac{T_1 T_2}{T_1 + T_2} \approx \left(1.74 \frac{t_1}{t_2} - 0.55 \right) \tag{2-4-3}$$

四、实验内容和步骤

1. 设备的连接和检查

① 开通以水泵、电动调节阀、孔板流量计以及上水箱出水阀所组成的水路系统，关闭通往其他对象的切换阀。.

② 将下水箱的出水阀开至适当开度。

③ 检查电源开关是否关闭。

2. 实验步骤

① 开启电源开关。启动计算机 DCS 组态软件，进入实验系统相应的实验画面（图 2-4-4）。

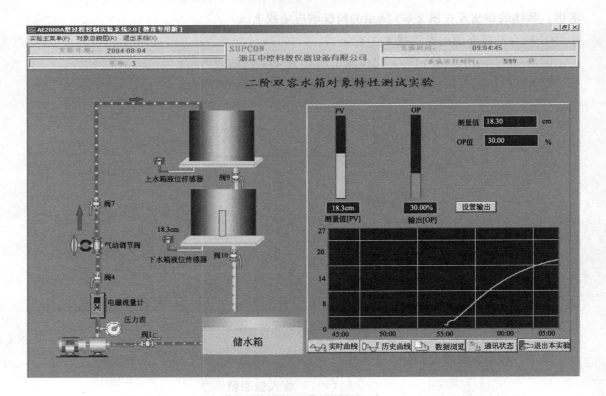

图 2-4-4　二阶双容水箱对象特性测试实验

② 开启单相泵电源开关，启动动力支路。在上位机软件界面用鼠标点击调出 PID 窗体框，然后在"MV"栏中设定电动调节阀一个适当开度（此实验必须在手动状态下进行）。将被控变量液位控制在 30% 处（一般为 10cm）。

③ 观察系统的被调量水箱的水位是否趋于平衡状态。若已平衡，应记录系统输出值，以及水箱水位的高度 h_2 和上位机的测量显示值并填入下表：

系统输出值	水箱水位高度 h_2	上位机显示值
0～100	cm	cm

④ 迅速增加系统手动输出值，增加 10% 的输出量，记录此引起的阶跃响应的过程参数，均可在上位软件上获得各项参数和数据，并绘制过程变化曲线；

T/s												
水箱水位 h_2/cm												
上位机读数/cm												

⑤ 直到进入新的平衡状态，再次记录测量数据，并填入下表：

系统输出值	水箱水位高度 h_2	上位机显示值
0～100	cm	cm

⑥ 将系统输出值调回到步骤④前的位置，再用秒表和数字表记录由此引起的阶跃响应过程参数与曲线，填入下表：

T/s												
水箱水位 h_2/cm												
上位机读数/cm												

⑦ 重复上述实验步骤。

五、注意事项

① 做本实验过程中，出水阀不得任意改变开度大小。

② 阶跃信号不能取得太大，以免影响正常运行；但也不能过小，以防止影响对象特性参数的精确性。一般阶跃信号取正常输入信号的 5%～15%。

③ 在输入阶跃信号前，过程必须处于平衡状态。

六、实验报告要求

① 作出二阶环节的阶跃响应曲线。

② 根据实验原理中所述的方法，求出二阶环节的相关参数。

③ 试比较二阶环节和一阶环节的不同之处。

七、思考题

① 在做本实验时，为什么不能任意变化下水箱出水阀的开度大小？

② 用两点法和用切线法对同一对象进行参数测试，它们各有什么特点？

实验五　锅炉内胆温度二位式控制实验

一、实验目的

① 熟悉实验装置，了解二位式温度控制系统的组成。

② 掌握位式控制系统的工作原理、控制过程和控制特性。

二、实验设备

CS2000 型过程控制实验装置，PC 机，DCS 控制系统，DCS 监控软件。

三、实验原理

1. 温度传感器

温度测量通常采用热电阻元件（感温元件）。它是利用金属导体的电阻值随温度变化而变化的特性来进行温度测量的。其电阻值与温度关系式如下：

$$R_t = R_{t0}[1 + \alpha(t - t_0)]$$

式中　R_t——温度为 t（如室温 20℃）时的电阻值；

　　　R_{t0}——温度为 t_0（通常为 0℃）时的电阻值；

　　　α——电阻的温度系数。

可见，由于温度的变化，导致了金属导体电阻的变化。这样只要设法测出电阻值的变化，就可达到温度测量的目的。

虽然大多数金属导体的电阻值随温度的变化而变化，但是它们并不能都作为测温用的热电阻。作为热电阻材料，一般要求是：电阻温度系数大，电阻率小，热容量小；在整个测温范围内，应具有稳定的物理、化学性质和良好的重复性；并要求电阻值随温度的变化呈线性关系。

但是，完全符合上述要求的热电阻材料实际上是有困难的。根据具体情况，目前应用最广泛的热电阻材料是铂和铜。本装置使用的是铂电阻元件 Pt100，并通过温度变送器（测量电桥或分压采样电路或者 AI 人工智能工业调节器）将电阻值的变化转换为电压信号。

铂电阻元件采用特殊的工艺和材料制成，具有很高的稳定性和耐震动等特点，还具有较强的抗氧化能力。

在 0~650℃的温度范围内，铂电阻与温度的关系为：

$$R_t = R_{t0}(1 + At + Bt_2 + Ct_3)$$

式中　R_t——温度为 t（如室温 20℃）时的电阻值；

R_{t0}——温度为 t_0（通常为 0℃）时的电阻值；

A、B、C—常数，$A = 3.90802 \times 10^{-3}℃^{-1}$，$B = -5.802 \times 10^{-7}℃^{-1}$，$C = -4.2735 \times 10^{-12}℃^{-1}$。

R_t-t 的关系称为分度表。不同的测温元件用分度号来区别，如 Pt100、Cu50 等，它们都有不同的 R_t-t 关系。

2. 温度检测的基本知识

（1）温度及温度测量

依据测温元件与被测物体接触与否，测温方式通常有接触式和非接触式之分。

① 接触式　测温元件与被测对象接触，依靠传热和对流进行热交换。

优点：结构简单、可靠，测温精度较高。

缺点：由于测温元件与被测对象必须经过充分的热交换且达到平衡后才能测量，这样容易破坏被测对象的温度场，同时带来测温过程的延迟现象，不适于测量热容量小的对象、极高温的对象、处于运动中的对象，不适于直接对腐蚀性介质测量。

② 非接触式　测温元件不与被测对象接触，而是通过热辐射进行热交换，或测温元件接收被测对象的部分热辐射能，由热辐射能的大小推出被测对象的温度。

优点：从原理上讲测量范围可以从超低温到极高温，不破坏被测对象温度场。非接触式测温响应快，对被测对象干扰小，可测量运动的被测对象，适于有强电磁干扰、强腐蚀的场合。

缺点：容易受到外界因素的干扰，测量误差较大，且结构复杂，价格比较昂贵。

（2）温标

温度是表征物体冷热程度的物理量。温度只能通过物体随温度变化的某些特性来间接测量，而用来量度物体温度数值的标尺叫温标。它规定了温度的读数起点（零点）和测量温度的基本单位。目前国际上用得较多的温标有华氏温标、摄氏温标、热力学温标和国际实用温标。

华氏温标（℉）规定：在标准大气压下，冰的熔点为 32 度，水的沸点为 212 度，中间划分 180 等份，每等份为华氏 1 度，符号为℉。

摄氏温度（℃）规定：在标准大气压下，冰的熔点为 0 度，水的沸点为 100 度，中间划分 100 等份，每等份为摄氏 1 度，符号为℃。

热力学温标又称开尔文温标，或称绝对温标，它规定分子运动停止时的温度为绝对零度，符号为 K。

3. 温度检测方法

（1）液体膨胀式温度计

玻璃管温度计是根据液体受热膨胀的原理制成的，下有玻璃泡，里面盛有水银、酒精、煤油等液体，内有粗细均匀的细玻璃管，在外面的玻璃管上均匀地刻有刻度。

温度计的使用方法：使用前，观察它的量程，判断是否适合待测物体的温度，并认清温度计的刻度，以便于准确读数；使用时，温度计的玻璃泡浸入被测液体中，不要碰到容器壁，温度计玻璃泡浸入被测液体中稍待一会儿，待液柱稳定后再读数，读数时视线与中心液面相平。

应用液体膨胀测量温度常用的有水银玻璃温度计，其结构简单，使用方便，但结构脆弱、易损坏。

（2）固体膨胀式（双金属温度计）

应用固体受热膨胀测量温度的方法一般是利用两片线膨胀系数不同的金属片叠焊在一起，构成双金属温度计，指示部分与弹簧管压力表相似。当温度发生变化后，由于膨胀系数不同而发生弯曲，通过机械结构将变形转换成仪表指针的变化。

双金属温度计的安装采用焊接连接方式。

从外观上判断弹簧管压力表和双金属温度计，可以检查表盘的单位指示：MPa 为弹簧管压力表；℃为双金属温度计。

4. 识读温度检测仪表

（1）应用热电效应测温

两种不同导体或半导体 A 与 B 串接成闭合回路，如果两个接点出现温差（$t \neq t_0$），在回路中就有电流产生，这种由于温度不同而产生电动势（热电势）的现象，称为热电效应。

由两种不同材料构成的上述热电变换元件叫热电偶，称 A、B 两导体为热电极。如图 2-5-1 所示。

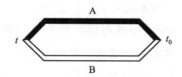

图 2-5-1 热电偶

① 接触电势　两种不同材料的导体接触时产生。

② 温差电势　同一导体 A（或 B）两端温度不同而产生。

③ 闭合回路总电势

$$E_{AB}(t, t_0) = E_{AB}(t) - E_A(t, t_0) + E_B(t, t_0) - E_{AB}(t_0)$$

$$E_{AB}(t, t_0) = E_{AB}(t) - E_{AB}(t_0)$$

可见，当导体材料 A、B 确定后，总电势 $E_{AB}(t, t_0)$ 仅与温度 t 和 t_0 有关。

如果能使冷端温度 t_0 固定，则总电势就只与温度 t 成单值函数关系：

$$E_{AB}(t, t_0) = E_{AB}(t) - C$$

（2）应用热电阻原理测温

根据导体或半导体的电阻值随温度变化的性质，将电阻值的变化用显示仪表反映出来，从而达到测温目的。

用铂和铜制成的电阻是工业常用的热电阻，它们被广泛地应用来测量 $-200 \sim +500$℃范围的温度。

5. 热电偶温度计

热电偶是两种不同材料的导体或半导体焊接或铰接而成，其一端测温时置于被测温场中，称为测量端（亦称热端或工作端），另一端为参比端（冷端或自由端）。

根据热电效应原理，如果热电偶的测量端和参比端的温度不同（如 $t > t_0$），且参比端温度 t_0 恒定，则热电偶回路中形成的热电势仅与测量端温度 t 有关。在热电偶回路中接入与热电偶相配套的显示仪表，就构成了最简单的测温系统，显示仪表可直接显示出被测温度的数值。

(1) 有关热电偶回路的几个结论

由热电效应基本原理分析，可得如下结论：

① 如果热电偶两电极 A、B 材料相同，则无论两端温度如何，热电偶回路的总热电势 $E_{AB}(t, t_0)$ 恒为零；

② 如果热电偶两端温度相同（$t = t_0$），即使两电极 A、B 材料不同，热电偶回路内的总热电势 $E_{AB}(t, t_0)$ 恒为零；

③ 热电偶的热电势仅与两热电极 A、B 材料及端点温度 t、t_0 有关，而与热电极的长度、形状、粗细及沿电极的温度分布无关。因此，同种类型的热电偶在一定的允许误差范围内具有互换性。

(2) 热电偶测温时显示仪表的接入

在热电偶回路中接入各种仪表、连接导线等物体时，只要保持接入两端温度相同，就能测量原热电偶回路热电势的数值，而不会对它产生影响。

在参比端温度 $t_0 = 0°C$ 时，各种类型热电偶的热电势与热端温度之间的对应关系已由国家标准规定了统一的表格形式，称之为分度表。利用热电偶测温时，只要测得与被测温度相对应的热电势，即可从该热电偶的分度表查出被测温度值。若与热电偶配套使用的温度显示仪表直接以该热电偶的分度表进行刻度，则可直接显示出被测温度的数值。

(3) 热电偶的补偿导线

由热电偶测温原理可知，只有当热电偶的冷端温度保持不变时，热电势才是被测温度的单值函数关系。在实际应用时，因热电偶冷端暴露于空间，且热电极长度有限，其冷端温度不仅受到环境温度的影响，而且还受到被测温度变化的影响，因而冷端温度难以保持恒定。为了解决这个问题，工程上通常采用一种补偿导线，把热电偶的冷端延伸到远离被测对象且温度比较稳定的地方。

(4) 冷端温度补偿

热电偶的分度表所表征的是冷端温度为 $0°C$ 时的热电势-温度关系，与热电偶配套使用的显示仪表就是根据这一关系进行刻度的。

① $0°C$ 恒温法　也叫冷端温度修正法。在实际测量时，若冷端温度恒为 t_0（$t_0 \neq 0$），可采用冷端温度修正法对仪表示值加以修正。修正公式如下：

$$E(t,0) = E(t,t_0) + E(t_0,0)$$

② 仪表机械零点调整法　如果热电偶冷端温度 t_0 比较恒定，可预先用另一只温度计测出冷端温度 t_0，然后将显示仪表的机械零点调至 t_0 处，相当于在输入热电偶热电势之前就

给显示仪表输入了电势 $E(t_0,0)$，这样仪表的指针就能指示出实际测量温度 t。

③ 补偿电桥法补偿电桥法　利用不平衡电桥（冷端补偿器）产生的电势来补偿热电偶因冷端温度变化而引起的热电势变化值。

6. 热电阻测温仪表

热电阻是中低温区最常用的一种温度检测器。它的主要特点是测量精度高，性能稳定。其中铂热电阻的测量精确度是最高的，它不仅广泛应用于工业测温，而且被制成标准的基准仪。热电阻温度计广泛应用于$-200\sim600℃$范围内的温度测量。

（1）对热电阻材料的要求

用于制造热电阻的材料，要求电阻率、电阻温度系数要大，热容量、热惯性要小，电阻与温度的关系最好近于线性，另外，材料的物理化学性质要稳定，复现性好，易提纯，同时价格便宜。

（2）常用热电阻种类

① 铂电阻（IEC）

② 铜电阻（WZC）

（3）热电阻的结构

① 精通型热电阻　从热电阻的测温原理可知，被测温度的变化是直接通过热电阻阻值的变化来测量的，因此热电阻体的引出线等各种导线电阻的变化会给温度测量带来影响。为消除引线电阻的影响，一般采用三线制或四线制。

② 铠装热电阻　铠装热电阻是由感温元件（电阻体）、引线、绝缘材料、不锈钢套管组合而成的坚实体，它的外径一般为 $\phi2\sim\phi8mm$，最小可达 $\phi0.25mm$。

与普通型热电阻相比，它有下列优点：

a. 体积小，内部无空气隙，热惯性小，测量滞后小；

b. 力学性能好，耐振，抗冲击；

c. 能弯曲，便于安装；

d. 使用寿命长。

③ 端面热电阻　端面热电阻感温元件由特殊处理的电阻丝材绕制，紧贴在温度计端面。它与一般轴向热电阻相比，能更正确和快速地反映被测端面的实际温度，适用于测量轴瓦和其他机件的端面温度。

④ 隔爆型热电阻　隔爆型热电阻通过特殊结构的接线盒，把其外壳内部爆炸性混合气体因受到火花或电弧等影响而发生的爆炸局限在接线盒内，生产现场不会引起爆炸。隔爆型热电阻可用于 B1a～B3c 级区内具有爆炸危险场所的温度测量。

（4）热电阻测量桥路

热电阻温度计由热电阻、连接导线及显示仪表组成，在导线连接方面可采用三线制或四线制。

（5）二位式温度控制系统

二位控制是位式控制规律中最简单的一种。本实验的被控对象是 1.5kW 电加热管，被控变量是复合小加温箱中内套水箱的水温 T，智能调节仪内置继电器线圈控制的常开触点开关控制电加热管的通断。图 2-5-2 为位式调节器的工作特性图，图 2-5-3 为位式控制系统的方块图。

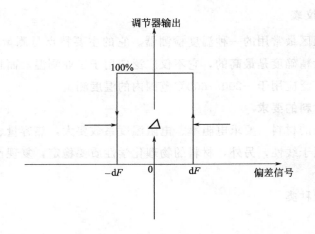

图 2-5-2　位式调节器的特性图

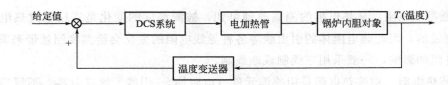

图 2-5-3　位式控制系统的方块图

由图 2-5-2 可见，在一定的范围内不仅有死区存在，而且还有回环，因而图 2-5-3 所示的系统实质上是一个典型的非线性控制系统。执行器只有"开"或"关"两种极限输出状态，故称这种控制器为二位调节器。

该系统的工作原理是当被控制的水温测量值 $VP=T$ 小于给定值 VS 时，即测量值<给定值，且当 $e=VS-VP \geqslant dF$ 时，调节器的继电器线圈接通，常开触点变成常闭，电加热管接通 380V 电源而加热。随着水温 T 的升高，VP 也不断增大，e 相应变小。若 T 高于给定值，即 $VP>VS$，e 为负值，若 $e \leqslant -dF$ 时，则二位调节器的继电器线圈断开，常开触点复位断开，切断电加热管的供电。由于这种控制方式具有冲击性，易损坏元器件，只是在对控制质量要求不高的系统才使用。

如图 2-5-3 位式控制系统的方框图所示，温度给定值在智能仪表上通过设定获得。被控对象为锅炉内胆，被控变量为内胆水温。它由铂电阻 Pt100 测定，输入到智能调节仪上。根据给定值加上 dF 与测量的温度相比较，向继电器线圈发出控制信号，从而达到控制内胆温度的目的。

由过程控制原理可知，双位控制系统的输出是一个断续控制作用下的等幅振荡过程，如图 2-5-4 所示。因此不能用连续控制作用下的衰减振荡过程的温度品质指标来衡量，而要用振幅和周期作为品质指标。一般要求振幅小，周期长。然而对同一双位控制系统来说，若要振幅小，则周期必然短；若要周期长，则振幅必然大。因此通过合理选择中间区，以使振幅在限定范围内，而又尽可能获得较长的周期。

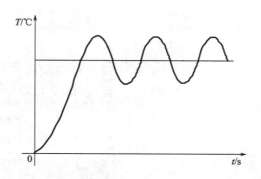

图 2-5-4　双位控系统的过程曲线

四、实验内容与步骤

1. 设备的连接和检查

① 开通以水泵、电动调节阀、孔板流量计以及锅炉内胆进水阀所组成的水路系统，关闭通往其他对象的切换阀。

② 将锅炉内胆的出水阀关闭。

③ 检查电源开关是否关闭。

2. 实验步骤

① 启动电源，进入 DCS 运行软件，进入相应的实验画面（图 2-5-5）。在上位机调节好各项参数以及设定值和回差 dF 的值。

② 系统运行后，组态软件自动记录控制过程曲线。待稳定振荡 2～3 个周期后，观察位式控制过程曲线的振荡周期和振幅大小，记录实验曲线。

实验数据记录如下：

t/s													
$T/℃$													

③ 适量改变给定值的大小，重复实验步骤②。

④ 把动力水路切换到锅炉夹套，启动实验装置的供水系统，给锅炉的外夹套加流动冷却水，重复上述的实验步骤。

五、注意事项

① 实验前，锅炉内胆的水位必须高于热电阻的测温点。

② 给定值必须要大于常温。

③ 实验线路全部接好后，必须经指导老师检查认可后，方可通电源开始实验。

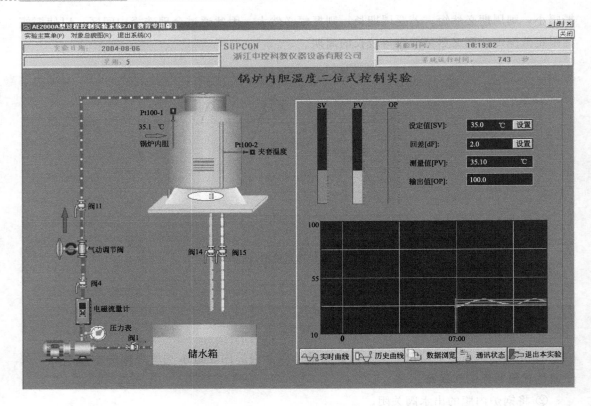

图 2-5-5　锅炉内胆温度二位式控制实验

④ 在老师指导下将计算机接入系统，利用计算机显示屏作记录仪使用，保存每次实验记录的数据和曲线。

六、实验报告

① 画出不同 dF 时的系统被控变量的过渡过程曲线，记录相应的振荡周期和振荡幅度大小。

② 画出加冷却水时被控变量的过程曲线，并比较振荡周期和振荡幅度大小。

③ 综合分析位式控制特点。

七、思考题

① 为什么缩小 dF 值能改善双位控制系统的性能？dF 值过小有什么影响？

② 为什么实际的双位控制特性与理想的双位控制特性有着明显的差异？

实验六　上水箱液位PID整定实验

一、实验目的

① 通过实验熟悉单回路反馈控制系统的组成和工作原理。

② 分析分别用 P、PI 和 PID 调节时的过程图形曲线。

③ 定性地研究 P、PI 和 PID 调节器的参数对系统性能的影响。

二、实验设备

CS2000 型过程控制实验装置，PC 机，DCS 控制系统，DCS 监控软件。

三、实验原理

图 2-6-1 为单回路上水箱液位控制系统。单回路控制系统一般指在一个被控对象上用一个控制器来保持一个参数的恒定，而控制器只接收一个测量信号，其输出也只控制一个执行机构。本系统所要保持的变量是液位的给定高度，即控制的任务是控制上水箱液位等于给定值所要求的高度。根据控制框图，这是一个闭环反馈单回路液位控制，采用 DCS 系统控制。当控制方案确定之后，接下来就是整定控制器的参数，一个单回路系统设计安装就绪之后，控制质量的好坏与控制器参数选择有着很大的关系。合适的控制参数，可以带来满意的控制效果。反之，控制器参数选择得不合适，则会使控制质量变坏，达不到预期效果。一个控制系统设计好以后，系统的投运和参数整定是十分重要的工作。

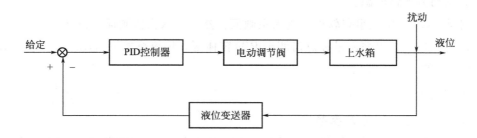

图 2-6-1　单回路上水箱液位控制系统

一般言之，用比例（P）控制器的系统是一个有差系统，比例度 δ 的大小不仅会影响到余差的大小，而且也与系统的动态性能密切相关。比例积分（PI）控制器，由于积分的作用，不仅能实现系统无余差，而且只要参数 δ、T_i 调节合理，也能使系统具有良好的动态性能。比例积分微分（PID）控制器是在 PI 控制器的基础上再引入微分 D 的作用，从而使系统既无余差存在，又能改善系统的动态性能（快速性、稳定性等）。但是，并不是所有单回路控制系统在加入微分作用后都能改善系统品质，对于容量滞后不大的系统，微分作用的效果并不明显，而对噪声敏感的流量系统，加入微分作用后，反而使流量品质变坏。对于本实验系统，在单位阶跃作用下，P、PI、PID 调节系统的阶跃响应分别如图 2-6-2 中的曲线 ①、②、③所示。

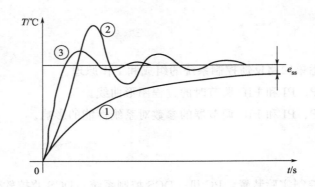

图 2-6-2　P、PI 和 PID 调节的阶跃响应曲线

四、实验内容和步骤

1. 设备的连接和检查

① 将 CS2000 实验对象的储水箱灌满水（至最高高度）。

② 打开以水泵、电动调节阀、孔板流量计组成的动力支路至上水箱的出水阀，关闭动力支路上通往其他对象的切换阀门。

③ 打开上水箱的出水阀至适当开度。

2. 实验步骤

① 启动动力支路电源。

② 启动 DCS 上位机组态软件，进入主画面，然后进入实验画面（图 2-6-3）。

③ 在上位机软件界面用鼠标点击调出 PID 窗体框，用鼠标按下自动按钮，在"设定值"栏中输入设定的上水箱液位。

3. 比例控制

① 设定给定值，调整 P 参数。

② 待系统稳定后，对系统加扰动信号（在纯比例的基础上加扰动，一般可通过改变设定值实现）。记录曲线在经过几次波动稳定下来后，系统有稳态误差，并记录余差大小。

③ 减小 P 重复步骤②，观察过渡过程曲线，并记录余差大小。

④ 增大 P 重复步骤②，观察过渡过程曲线，并记录余差大小。

⑤ 选择合适的 P，可以得到较满意的过渡过程曲线。改变设定值（如设定值由 50% 变为 60%），同样可以得到一条过渡过程曲线。

⑥ 注意：每当做完一次试验后，必须待系统稳定后再做另一次试验。

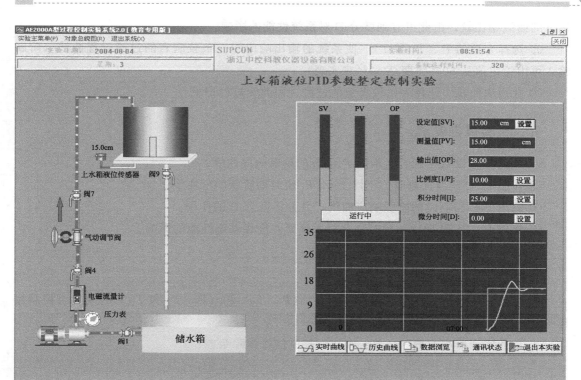

图 2-6-3　上水箱液位 PID 多级整定控制实验

4. 比例积分控制器（PI）控制

① 在比例控制实验的基础上，加入积分作用，即在界面上设置 I 参数不为 0，观察被控变量是否能回到设定值，以验证 PI 控制下，系统对阶跃扰动无余差存在。

② 固定比例 P 值，改变 PI 控制器的积分时间常数值 T_i，然后观察加阶跃扰动后被控变量的输出波形，并记录不同 T_i 值时的超调量 σ_p：

积分时间常数 T_i	大	中	小
超调量 σ_p			

③ 固定 I 于某一中间值，然后改变 P 的大小，观察加扰动后被控变量输出的动态波形，据此列表记录不同值 P 下的超调量 σ_p：

比例 P	大	中	小
超调量 σ_p			

④ 选择合适的 P 和 T_i 值，使系统对阶跃输入扰动的输出响应为一条较满意的过程曲线。此曲线可通过改变设定值（如设定值由 50％变为 60％）来获得。

5. 比例积分微分控制器（PID）控制

① 在 PI 控制器实验的基础上，再引入适量的微分作用，即把软件界面上设置 D 参数，然后加上与前面实验幅值完全相等的扰动，记录系统被控变量响应的动态曲线，并与 PI 控

制下的曲线相比较，由此可看到微分 D 对系统性能的影响。

② 选择合适的 P、T_i 和 T_d，使系统的输出响应为一条较满意的过渡过程曲线（阶跃输入可由给定值从 50％突变至 60％来实现）。

③ 在历史曲线中选择一条较满意的过渡过程曲线进行记录。

五、实验报告要求

① 作出 P 控制器控制时，不同 P 值下的阶跃响应曲线；

② 作出 PI 控制器控制时，不同 P 和 T_i 值时的阶跃响应曲线；

③ 画出 PID 控制时的阶跃响应曲线，并分析微分 D 的作用；

④ 比较 P、PI 和 PID 三种控制器对系统无差度和动态性能的影响。

六、思考题

① 试定性地分析三种控制器的参数 P、（P、T_i）和（P、T_i 和 T_d）的变化对控制过程各产生什么影响？

② 如何实现减小或消除余差？纯比例控制能否消除余差？

实验七　串接双容下水箱液位PID整定实验

一、实验目的

① 熟悉单回路双容液位控制系统的组成和工作原理。

② 研究系统分别用 P、PI 和 PID 控制器时的控制性能。

③ 定性地分析 P、PI 和 PID 控制器的参数对系统性能的影响。

二、实验设备

CS2000 型过程控制实验装置，计算机，DCS 控制系统与监控软件。

三、实验原理

图 2-7-1 为双容水箱液位控制系统，也是一个单回路控制系统，它与图 2-6-1 不同的是有两个水箱相串联，控制的目的是使下水箱的液位高度等于给定值所期望的高度，具有减少或消除来自系统内部或外部扰动的影响功能。显然，这种反馈控制系统的性能完全取决于控制器 $G_c(s)$ 的结构和参数的合理选择。由于双容水箱的数学模型是二阶的，故系统的稳定性不如单容液位控制系统。

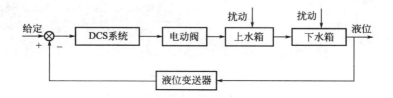

图 2-7-1　双容水箱液位控制系统的方框图

对于阶跃输入（包括阶跃扰动），这种系统用比例（P）控制器去控制，系统有余差，且与比例度成正比。若用比例积分（PI）控制器去控制，不仅可实现无余差，而且只要控制器的参数 δ 和 T_i 调节得合理，也能使系统具有良好的动态性能。比例积分微分（PID）控制器是在 PI 控制器的基础上再引入微分 D 的控制作用，从而使系统既无余差存在，又使其动态性能得到进一步改善。

四、实验内容与步骤

1. 设备的连接和检查

① 将 CS2000 实验对象的储水箱灌满水（至最高水位）。

② 打开以水泵、电动调节阀、孔板流量计组成的动力支路至下水箱的出水阀门，关闭动力支路上通往其他对象的切换阀门。

③ 打开下水箱的出水阀至适当开度。

④ 检查电源开关是否关闭。

2. 启动实验装置

① 启动电源和 DCS 上位机组态软件，进入主画面，然后进入相应实验画面，见图 2-7-2。

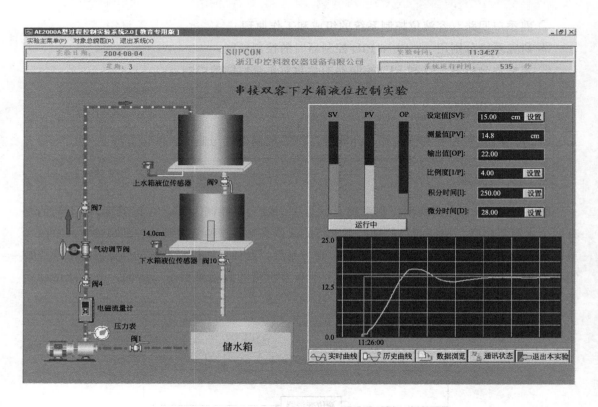

图 2-7-2　串接双容下水箱液位控制实验

② 在上位机软件界面用鼠标点击调出 PID 窗体框，用鼠标按下自动按钮，在"设定值"栏中输入设定的下水箱液位。

③ 在参数调整中反复调整 P、T_i、T_d 三个参数，控制上水箱水位，同时兼顾快速性、稳定性、准确性。

④ 待系统的输出趋于平衡不变后，加入阶跃扰动信号（一般可通过改变设定值的大小或打开旁路来实现）。

五、实验报告要求

① 画出双容水箱液位控制实验系统的结构图。

② 画出 PID 控制时的阶跃响应曲线，并分析微分 D 对系统性能的影响。

六、思考题

① 为什么双容液位控制系统比单容液位控制系统难于稳定？

② 试用控制原理的相关理论分析 PID 控制器的微分作用为什么不能太大？

③ 为什么微分作用引入必须缓慢进行？这时比例 P 是否要改变？为什么？

④ 控制器参数（P、T_i 和 T_d）的改变对整个控制过程有什么影响？

实验八 锅炉内胆水温PID整定实验 (动态)

一、实验目的

① 了解单回路温度控制系统的组成与工作原理。

② 研究 P、PI、PD 和 PID 四种控制器分别对温度系统的控制作用。

③ 改变 P、PI、PD 和 PID 的相关参数，观察它们对系统性能的影响。

二、实验设备

CS2000 型过程控制实验装置，PC 机，DCS 监控软件，DCS 控制系统。

三、实验原理

本系统所要保持的恒定参数是锅炉内胆温度给定值，即控制的任务是控制锅炉内胆温度等于给定值。根据控制框图（图 2-8-1），采用 DCS 控制系统。

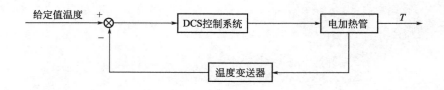

图 2-8-1　温度控制系统原理图

四、实验内容与步骤

① 开通以水泵、电动调节阀、孔板流量计以及锅炉内胆进水阀所组成的水路系统，关闭通往其他对象的切换阀。

② 将锅炉内胆的出水阀关闭。

③ 检查电源开关是否关闭。

④ 开启相关仪器和计算机软件，进入相应实验，见图 2-8-2。

⑤ 点击上位机界面上的"点击以下框体调出 PID 参数"按钮，设定好给定值，并根据实验情况反复调整 P、T_i、T_d 三个参数，直到获得满意的的测量值。

1. 比例（P）控制

待基本不再变化时，加入阶跃扰动（可通过改变控制器的设定值来实现）。观察并记录在当前比例 P 时的余差和超调量。每当改变值 P 后，再加同样大小的阶跃信号，比较不同

P 时的 e_{ss} 和 σ_p，并把数据填入下表中：

P	大	中	小
e_{ss}			
σ_p			

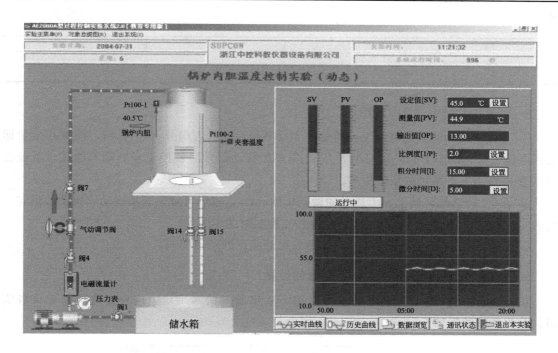

图 2-8-2　锅炉内胆温度控制实验（动态）

记录实验过程各项数据，绘成过渡过程曲线（数据可在软件上获得）。

2. 比例积分（PI）控制

① 在比例控制实验的基础上，待被控变量平稳后，加入积分（I）作用，观察被控变量能否回到原设定值的位置，以验证系统在 PI 控制器控制下没有余差。

② 固定比例 P 值，然后改变积分时间常数 I 值，观察加入扰动后被控变量的动态曲线，并记录不同 I 值时的超调量 σ_p 于下表：

积分时间常数 I	大	中	小
超调量 σ_p			

③ 固定 I 于某一中间值，然后改变比例 P 的大小，观察加扰动后被控变量的动态曲线，并记下相应的超调量 σ_p 于下表：

比例 P	大	中	小
超调量 σ_p			

④ 选择合适的 P 和 T_i 值，使系统瞬态响应曲线为一条令人满意的曲线。此曲线可通过

改变设定值（如把设定值由 50% 增加到 60%）来实现。

3. 比例微分（PD）控制

在比例控制实验的基础上，待被控变量平稳后，引入微分作用（D）。固定比例 P 值，改变微分时间常数 T_d 的大小，观察系统在阶跃输入作用下相应的动态响应曲线，并把数据填入下表：

T_d	大	中	小
e_{ss}			
σ_p			

4. 比例积分微分（PID）控制

① 在比例控制实验的基础上，待被控变量平稳后，引入积分（I）作用，使被控变量回复到原设定值。减小 P，并同时增大 T_i，观察加扰动信号后被控变量的动态曲线，验证在 PI 控制器作用下，系统的余差为零。

② 在 PI 控制的基础上加上适量的微分作用（D），然后再对系统加扰动（扰动幅值与前面的实验相同），比较所得的动态曲线与用 PI 控制时的不同处。

③ 选择合适的 P、T_i 和 T_d，以获得一条较满意的动态曲线。

5. 用临界比例度法整定 PID 控制器的参数

在实际应用中，PID 控制器的参数常用下述实验方法来确定，这种方法既简单又较实用。它的具体做法如下。

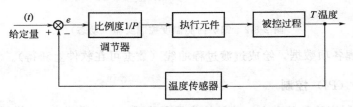

图 2-8-3　具有比例控制器的闭环系统

① 按图 2-8-3 所示接好实验系统，逐渐减小控制器的比例度（$1/P$），直到系统的被控变量出现等幅振荡为止。如果响应曲线发散，则表示比例度（$1/P$）调得过小，应适当增大之，使曲线出现等幅振荡为止。

② 图 2-8-4 为被控变量作等幅振荡时的曲线。此时对应的比例度（$1/P$）就是临界比例，用 δ_K 表示，相应的振荡周期就是临界振荡周期 T_K。据此按表 2-8-1 确定 PID 调节器的参数。

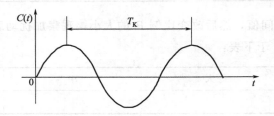

图 2-8-4　具有周期 T_K 等幅振荡

表 2-8-1 用临界比例度法整定控制器的参数

控制器参数 控制器名称	δ	T_i/s	T_d/s
P	$2\delta_K$		
PI	$2.2\delta_K$	$T_K/1.2$	
PID	$1.6\delta_K$	$0.5T_K$	$0.125T_K$

③ 必须指出，表格中给出的参数仅是对控制器参数的一个初步整定。使用上述参数的控制器很可能使系统在阶跃信号作用下达不到 4∶1 的衰减振荡。因此若获得理想的动态过程，应在此基础上，对表中给出的参数稍做调整，并记下此时的 δ、T_i 和 T_d。

五、实验报告要求

① 用临界比例度法整定三种控制器的参数，并分别作出系统在这三种控制器控制下的阶跃响应曲线。

② 作出比例控制器控制时，不同 P 值时的阶跃响应曲线，得到的结论是什么？

③ 分析 PI 控制器控制时，不同 P 和 T_i 值对系统性能的影响。

④ 绘制用 PD 控制器控制时系统的动态波形。

⑤ 绘制用 PID 控制器控制时系统的动态波形。

六、思考题

① 在阶跃扰动作用下，用 PD 控制器控制时，系统有没有余差存在？为什么？

② 在温度控制系统中，为什么用 PD 和 PID 控制，系统的性能并不比用 PI 控制有明显的改善？

③ 连续温控与断续温控有何区别？为什么？

实验九　锅炉夹套水温PID整定实验 (动态)

一、实验目的

① 了解不同单回路温度控制系统的组成与工作原理。

② 研究 P、PI、PD 和 PID 四种控制器分别对温度系统的控制作用。

③ 改变 P、PI、PD 和 PID 的相关参数，观察它们对系统性能的影响。

④ 分析动态的温度单回路控制和静态的温度单回路控制不同之处。

二、实验设备

CS2000 型过程控制实验装置，计算机，DCS 控制系统，DCS 监控软件。

三、实验原理

图 2-9-1 为一个闭环单回路的锅炉内胆温度控制系统的结构框图，锅炉内胆为动态循环水，变频器、齿轮泵、锅炉内胆组成循环供水系统。实验之前，变频器、齿轮泵供水系统通过阀 11（图 2-9-2）将锅炉内胆和夹套的水装至适当高度，阀 15 关闭。实验投入运行以后，变频器再以固定的频率使锅炉内胆的水处于循环状态。静态闭环单回路的锅炉夹套温度控制，没有循环水加以快速热交换，而单相电加热管功率为 1.5kW，加热过程相对快速，散热过程相对比较缓慢，调节的效果受对象特性和环境的限制，在精确度和稳定性上存在一定的误差。增加了循环水系统后，便于热交换及加速了散热能力，相比于静态温度控制实验，在控制的精度性、快速性上有了很大的提高。本系统所要保持的恒定参数是锅炉夹套温度给定值，即控制的任务是控制锅炉夹套温度等于给定值，采用 DCS 系统控制。

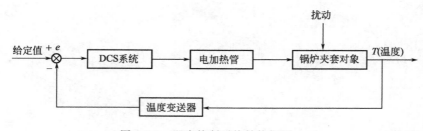

图 2-9-1　温度控制系统结构框图

四、实验内容与步骤

① 启动动力支路电源。

② 启动 DCS 上位机组态软件，进入主画面，然后进入实验画面（图 2-9-2）。

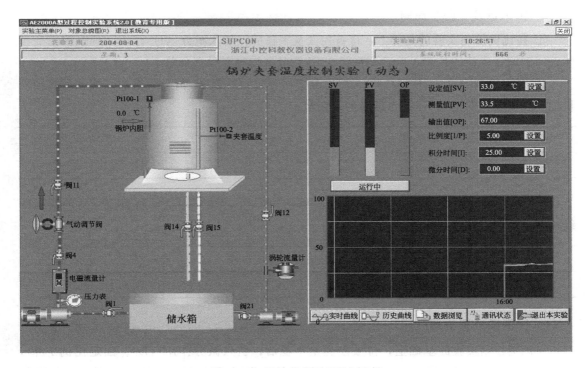

图 2-9-2　锅炉夹套温度控制实验

③ 在上位机软件界面用鼠标点击调出 PID 窗体框，用鼠标按下自动按钮，在"设定值"栏中输入设定的夹套控制温度。

④ 在参数调整中反复调整 P、T_i、T_d 三个参数，控制夹套温度，同时兼顾快速性、稳定性、准确性。

⑤ 待系统的输出趋于平衡不变后，加入阶跃扰动信号（一般可通过改变设定值的大小来实现）。

1. 比例调节过程

① 启动水泵往锅炉内胆进水，直至锅炉内胆有水溢流出。如有需要，可将变频器支路打开，给锅炉夹套以循环冷却水。

② 运行 DCS 组态软件，进入相应的实验，观察实时或历史曲线。待基本不再变化时，加入阶跃扰动。

③ 通过改变设定值来实现。观察并记录在当前比例 P 时的余差和超调量。每当改变值 P 后，再加同样大小的阶跃信号，比较不同 P 时的 e_{ss} 和 σ_p，并把数据填入下表：

P	大	中	小
e_{ss}			
σ_p			

记录实验过程各项数据，绘成过渡过程曲线（数据可在软件上获得）。

2. 比例积分（PI）控制

① 在比例控制实验的基础上，待被控变量平稳后，加入积分（I）作用，观察被控变量能否回到原设定值的位置，以验证系统在 PI 调节器控制下没有余差。

② 固定比例 P 值（中等大小），然后改变积分时间常数 T_i 值，观察加入扰动后被控变量的动态曲线，并记录不同 T_i 值时的超调量 σ_p 于下表：

积分时间常数 T_i	大	中	小
超调量 σ_p			

③ 固定 T_i 于某一中间值，然后改变比例 P 的大小，观察加扰动后被控变量的动态曲线，并记下相应的超调量 σ_p 于下表：

比例 P	大	中	小
超调量 σ_p			

3. 比例微分调节器（PD）控制

在比例控制实验的基础上，待被控变量平稳后，引入微分作用（D）。固定比例 P 值，改变微分时间常数 T_d 的大小，观察系统在阶跃输入作用下相应的动态响应曲线，并记下相应的超调量：

T_d	大	中	小
e_{ss}			
σ_p			

4. 比例积分微分（PID）控制

① 在比例控制实验的基础上，待被控变量平稳后，引入积分（I）作用，使被控变量回复到原设定值。减小 P，并同时增大 T_i，观察加扰动信号后被控变量的动态曲线，验证在 PI 控制器作用下，系统的余差为零。

② 在 PI 控制的基础上加上适量的微分作用（D），然后再对系统加扰动（扰动幅值与前面的实验相同），比较所得的动态曲线与用 PI 控制时的不同处。

五、实验报告要求

① 作出比例控制器控制时不同 P 值时的阶跃响应曲线，得到的结论是什么？

② 分析 PI 控制器控制时，不同 P 和 T_i 值对系统性能的影响。

③ 绘制用 PD 控制器控制时系统的动态波形。

④ 绘制用 PID 控制器控制时系统的动态波形。

⑤ 分析动态的温度单回路控制和静态的温度单回路控制不同之处。

六、思考题

① 在阶跃扰动作用下，用 PD 控制器控制时，系统有没有余差存在？为什么？

② 在温度控制系统中，为什么用 PD 和 PID 控制，系统的性能并不比用 PI 控制有明显的改善？

实验十 电磁流量计流量PID整定实验

一、实验目的

① 了解孔板流量计的结构及其使用方法。

② 熟悉单回路流量控制系统的组成。

二、实验设备

CS2000 型过程控制实验装置，上位机，DCS 控制系统，DCS 监控软件。

三、孔板流量计的工作原理

1. 基本结构

节流式差压流量计由三部分组成：节流装置、差压变送器和流量显示仪表。

2. 工作原理

充满管道的流体，当它流经管道内的节流件时，流束将在节流件处形成局部收缩。此时流速增大，静压降低，在节流前后产生差压，流量越大，差压越大，因而可依据差压来衡量流量的大小。这种测量方法是以流动连续性方程（质量守恒定律）和伯努利方程（能量守恒定律）为基础的。差压的大小不仅和流量还与其他许多因素有关，如节流装置形式、管道内流体的物理性质（密度，黏度）及流动状况等。

节流式差压流量计的流量计算式：

$$q_m = \frac{C}{\sqrt{1-\beta^4}} \varepsilon \frac{\pi}{4} d^2 \sqrt{2\Delta p \rho_1}$$

$$q_v = q_m / \rho_1$$

式中　q_m——质量流量，kg/s；

　　　q_v——体积流量，m^3/s；

　　　C——流出系数；

　　　ε——可膨胀性系数；

　　　β——直径比，$\beta = d/D$；

　　　d——工作条件下节流件的孔径，m；

　　　D——工作条件下上游管道内径，m；

　　　Δp——差压，Pa；

　　　ρ_1——上游流体密度，kg/m^3。

由上式可见，流量为 C、ε、d、ρ、Δp、$\beta(D)$ 6 个参数的函数，此 6 个参数可分为实测量 $[d$、ρ、Δp、$\beta(D)]$ 和统计量 $(C$、$\varepsilon)$ 两类。实测量有的在制造安装时测定，如 d 和 $\beta(D)$，有的在仪表运行时测定，如 Δp 和 ρ；统计量则是无法实测的量（指按标准文件制造安装，不经校准使用），在现场使用时由标准文件确定的 C 及 ε 值与实际值是否符合，是由设计、制造、安装及使用一系列因素决定的，只有完全遵循标准文件（如 GB/T 2624—93）的规定，其实际值才会与标准值符合。但是，一般现场是难以做到的，因此检查偏离标准就成为现场使用的必要工作。

标准孔板又称同心直角孔板。孔板是一块加工成圆形的具有锐利直角边缘开孔的薄板。标准孔板有三种取压方式：法兰、角接和径距取压。

四、实验原理

流量单回路控制系统如图 2-10-1 所示。

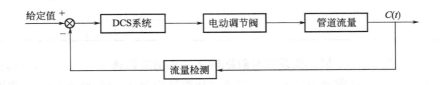

图 2-10-1　流量单回路控制系统

五、实验内容与步骤

① 打开以水泵、孔板流量计组成的动力支路。

② 启动实验装置。

1. 比例（P）控制

① 把控制器置于"手动"状态，积分时间常数设为零，微分时间常数设为零，设置相关的参数，使控制器工作在比例调节上。

② 启动工艺流程并开启相关仪器和计算机系统，在开环状态下，利用控制器的手动操作按钮把被控变量管道的流量调到给定值（一般把流量控制在流量量程的 50％处）。

③ 运行 DCS 组态软件，进入实验系统相关的实验画面。

④ 观察计算机显示屏上实时的响应曲线，待流量基本稳定于给定值后，即可将控制器由"手动"状态切换到"自动"状态，使系统变为闭环控制运行。待系统的流量趋于平衡不变后，加入阶跃信号（一般可通过改变设定值的大小来实现）。经过一段时间运行后，系统进入新的平稳状态。由记录曲线观察并记录在不同的比例 P 下系统的余差和超调量于下表：

P	大	中	小
e_{ss}			
σ_{p}			

⑤ 记录软件中实时曲线的过程数据，作出一条完整的过渡过程曲线，记录表格自拟。

2. 比例积分（PI）控制

① 在比例控制实验的基础上，加上积分作用（I），即把 T_i 设置为一参数，根据不同的情况，设置不同的大小。观察被控变量能否回到原设定值的位置，以验证系统在 PI 调节器控制下，系统的阶跃扰动无余差产生。

② 固定比例 P 值，然后改变控制器的积分时间常数 T_i 值，观察加入阶跃扰动后被控变量的输出波形，并记录不同 T_i 值时的超调量 σ_p 于下表：

积分时间常数 I	大	中	小
超调量 σ_p			

③ 固定 T_i 于某一值，然后改变比例 P 的大小，观察加阶跃扰动后被控变量的动态波形，并列表记录不同值的超调量于下表：

比例 P	大	中	小
超调量 σ_p			

④ 选择合适的 P 和 T_i 值，使系统对阶跃输入（包括阶跃扰动）的输出响应为一条较满意的过渡过程曲线。此曲线可通过改变设定值（如把设定值由 50％变为 60％）来获得。

六、实验报告

① 画出流量控制系统的实验线路图。
② 作出 P 控制器控制时，不同 P 值下的阶跃响应曲线。
③ 作出 PI 控制器控制时，不同 P 和 T_i 值时的阶跃响应曲线。

七、思考题

从理论上分析控制器参数（P、T_i）的变化对控制过程产生什么影响？

实验十一　涡轮流量计流量PID整定实验

一、实验目的

① 了解涡轮流量计的结构及其使用方法。
② 熟悉单回路流量控制系统的组成。

二、实验设备

AE2000A 型过程控制实验装置、上位机软件、DCS 控制系统、DCS 监控软件。

三、涡轮流量计的工作原理

1. 基本结构

涡轮流量计可分为两部分：传感器部分和放大器部分。

传感器的基本结构由壳体、前导向架、轴、叶轮、后导向架、压紧圈等组成。

放大器主要由带电磁感应转换器的放大器组成。

前导向架和后导向架安装在壳体中，轴安装在导向架上，同时因导向架上有几片呈辐射形的整流片，还可以起一定的整流作用，使流体基本上沿着平行于轴线的方向流动。前、后导向架是用压紧圈固定在壳体上的。

叶轮中有轴承套在轴上，可以灵活地旋转。叶轮上均匀分布着叶片，液体流过时冲击叶片使叶轮产生转动。

2. 工作原理

当被测流体流经传感器时，传感器内的叶轮借助于流体的动能而产生旋转，周期性地改变电磁感应转换系统中的磁阻值，使通过线圈的磁通量周期性地发生变化而产生电脉冲信号。在一定的流量范围内，叶轮转速与流体流量成正比，即电脉冲数量与流量成正比。该脉冲信号经放大器放大后送至二次仪表进行流量和累积量的显示或积算。

在测量范围内，传感器的输出脉冲总数与流过传感器的体积总量成正比，其比值称为仪表常数，以 ξ（次/L）表示。每台传感器都经过实际标定测得仪表常数值。当测出脉冲信号的频率 f 和某一段时间内的脉冲总数 N 后，分别除以仪表常数 ξ（次/L），便可求得瞬时流量 q（L/s）和累积流量 Q（L），即：

$$q = f/\xi$$
$$Q = N/\xi$$

四、实验原理

流量单回路控制系统方框图如图 2-11-1 所示。

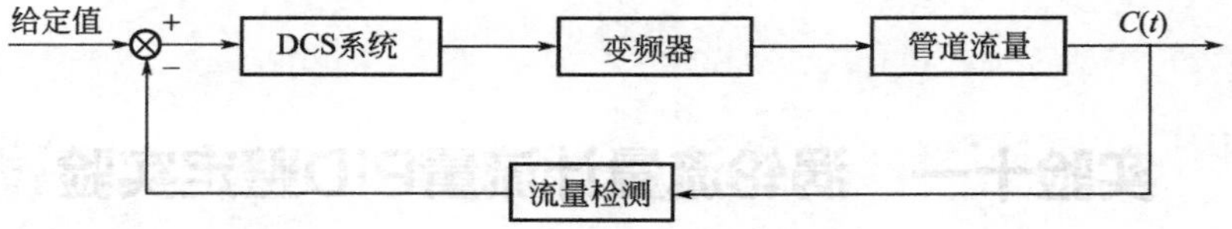

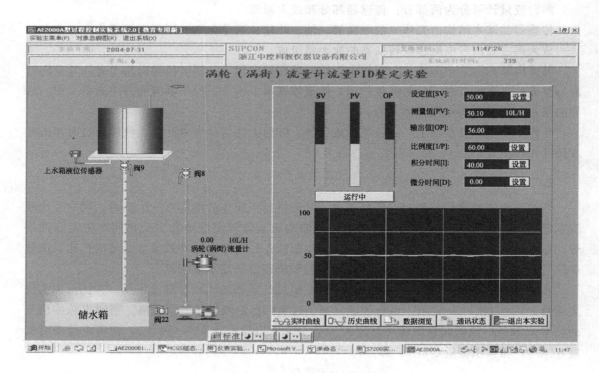

图 2-11-1　流量单回路控制系统方框图

五、实验内容与步骤

① 打开以水泵、涡轮流量计组成的动力支路。

② 启动实验装置。

1. 比例（P）控制

① 把控制器置于"手动"状态，积分时间常数设为零，微分时间常数设为零，设置相关的参数，使控制器工作在比例调节上。

② 启动工艺流程并开启相关仪器和计算机系统，在开环状态下，利用控制器的手动操作按钮把被控变量管道的流量调到给定值（一般把流量控制在流量量程的50％处）。

③ 运行 DCS 组态软件，进入实验系统相关的画面，如图 2-11-2 所示。

图 2-11-2　涡轮流量计流量 PID 整定实验

④ 观察计算机显示屏上实时的响应曲线，待流量基本稳定于给定值后，即可将控制器由"手动"状态切换到"自动"状态，使系统变为闭环控制运行。待系统的流量趋于平衡不变后，加入阶跃信号（一般可通过改变设定值的大小来实现）。经过一段时间运行后，系统

进入新的平稳状态。由记录曲线观察并记录在不同的比例 P 下系统的余差和超调量于下表：

P	大	中	小
e_{ss}			
σ_p			

⑤ 记录软件中的实时曲线的过程数据，作出一条完整的过渡过程曲线，记录表格自拟。

2. 比例积分（PI）控制

① 在比例控制实验的基础上，加上积分作用（I），即把 T_i 设置为一参数，根据不同的情况设置不同的大小。观察被控变量能否回到原设定值的位置，以验证系统在 PI 控制器控制下，系统的阶跃扰动无余差产生。

② 固定比例 P 值，然后改变控制器的积分时间常数 T_i 值，观察加入阶跃扰动后被控变量的输出波形，并记录不同 T_i 值时的超调量 σ_p 于下表：

积分时间常数 T_i	大	中	小
超调量 σ_p			

③ 固定 T_i 于某一值，然后改变比例 P 的大小，观察加阶跃扰动后被控变量的动态波形，并列表记录不同值的超调量于下表：

比例 P	大	中	小
超调量 σ_p			

④ 选择合适的 P 和 T_i 值，使系统对阶跃输入（包括阶跃扰动）的输出响应为一条较满意的过渡过程曲线。此曲线可通过改变设定值（如把设定值由 50％变为 60％）来获得。

六、实验报告

① 画出流量控制系统的实验线路图。
② 作出 P 控制器控制时，不同 P 值下的阶跃响应曲线。
③ 作出 PI 控制器控制时，不同 P 和 T_i 值时的阶跃响应曲线。

七、思考题

从理论上分析控制器参数（P、T_i）的变化对控制过程产生什么影响？

实验十二　上水箱下水箱液位串级控制实验

一、实验目的

① 掌握串级控制系统的基本概念和组成。

② 掌握串级控制系统的投运与参数整定方法。

③ 研究阶跃扰动分别作用在副对象和主对象时对系统主被控变量的影响。

二、实验设备

CS2000 型过程控制实验装置，PC 机，DCS 控制系统，DCS 监控软件。

三、实验原理

上水箱液位作为副控制器被控对象，下水箱液位作为主控制器被控对象。控制框图如图 2-12-1所示。

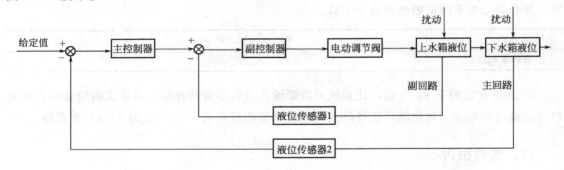

图 2-12-1　上水箱下水箱液位串级控制框图

（1）串级控制系统的组成

图 2-12-1 为液位串级控制系统。这种系统具有两个控制器、两个闭合回路和两个执行对象。两个控制器分别设置在主、副回路中，设在主回路的控制器称为主控制器，设在副回路的控制器称为副控制器。两个控制器串联连接，主控制器的输出作为副回路的给定量，主、副控制器的输出分别去控制两个执行元件。主对象的输出为系统的被控变量锅炉夹套温度，副对象的输出是一个辅助控制变量。

（2）串级系统的抗干扰能力

串级系统由于增加了副回路，对于进入副环内的干扰具有很强的抑制作用，因此作用于副环的干扰对主被控变量的影响就比较小。系统的主回路是定值控制，而副环是一个随动控制。在设计串级控制系统时，要求系统副对象的时间常数要远小于主对象。此外，为了指示系统的控制精度，一般主控制器设计成 PI 或 PID 控制器，而副控制器一般设计为比例 P 控制，以提高副回路的快速响应。在搭实验线路时，要注意到两个控制器的极性（目的是保证主、副回路都是负反馈控制）。

（3）串级控制系统与单回路控制系统的比较

串级控制系统由于副回路的存在，改善了对象的特性，使等效对象的时间常数减小，系统的工作频率提高，改善了系统的动态性能，使系统的响应加快，控制及时。同时，由于串级系统具有主、副两个控制器，总放大倍数增大，系统的抗干扰能力增强，因此，它的控制质量要比单回路控制系统高。

（4）串级控制系统的投运

串级控制系统的投运和整定有一步整定法，也有两步整定法，即先整定副回路，后整定主回路。

四、实验内容和步骤

1. 设备的连接和检查

① 将 CS2000 实验对象的储水箱灌满水（至最高水位）。

② 打开以水泵、电动调节阀、孔板流量计组成的动力支路至上水箱的出水阀门，关闭动力支路上通往其他对象的切换阀门。

③ 打开上水箱的出水阀，打开下水箱出水阀至适当开度。

2. 实验步骤

① 启动动力支路。

② 启动 DCS 上位机组态软件，进入主画面，然后进入相应的实验画面（图 2-12-2）。

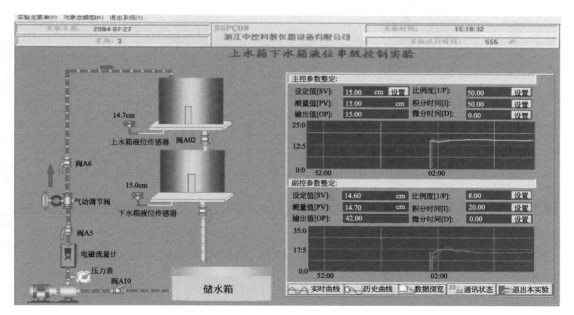

图 2-12-2　上、下水箱液位串级控制实验

③ 用鼠标按下"点击以下框体调出主控 PID 参数"按钮，在"CSC10_ex"中的"设定值"栏中输入设定的下水箱液位。按下"点击以下框体调出副控 PID 参数"按钮，在"副控窗口"中按下"串级"按钮。在"CSC10_in"中的设定 P、T_i、T_d 参数，分别在主控参数和副控参数窗口中反复调整 P、T_i、T_d 三个参数，控制下水箱水位，同时兼顾快速性、稳定性、准确性。

五、实验报告要求

分析串级控制和单回路 PID 控制不同之处。

六、思考题

串级控制相比于单回路控制有什么优点？

实验十三 锅炉夹套和内胆温度串级控制系统

一、实验目的

① 熟悉串级控制系统的结构与控制特点。

② 掌握串级控制系统的投运与参数整定方法。

③ 研究阶跃扰动分别作用在副对象和主对象时对系统主被控变量的影响。

二、实验设备

CS2000 型过程控制实验装置，PC 机，STEP7，DCS 控制系统，DCS 监控软件。

三、实验原理

图 2-13-1 为温度串级控制系统方框图。

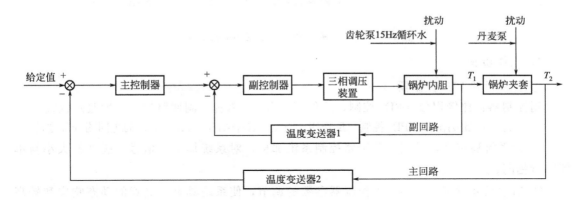

图 2-13-1 温度串级控制系统方框图

四、实验内容与步骤

1. 设备的连接和检查

① 打开以水泵、变频器、孔板流量计以及锅炉内胆、夹套进水阀所组成的水路系统，关闭通往其他对象的切换阀。

② 先把锅炉内胆和夹套的水装至适当高度。

③ 将锅炉内胆的进水阀关至适当开度。

④ 将锅炉内胆的出水阀关闭。

⑤ 将锅炉内胆的溢流口出水阀全开。

⑥ 检查电源开关是否关闭。实验画面如图 2-13-2 所示。

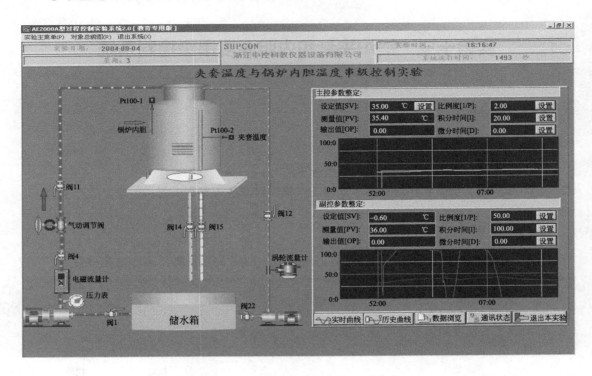

图 2-13-2　锅炉夹套和内胆温度串级控制实验

2. 操作步骤

① 正确设置 PID 控制器

副控制器：比例积分（PI）控制，反作用，自动，K_{C2}（副回路的开环增益）较大。

主控制器：比例积分（PI）控制，反作用，自动，$K_{C1} < K_{C2}$（其中 K_{C1} 为主回路开环增益）。

② 待系统稳定后，类同于单回路控制系统那样，对系统加扰动信号，扰动的大小与单回路时相同。

③ 通过反复对副控制器和主控制器参数的调节，使系统具有较满意的动态响应和较高的控制精度。

注：可参照前已做过的实验，详细列出本次实验的实验方法与步骤。

五、实验报告要求

① 画出详细的实验框图。

② 扰动作用于主、副对象，观察对主变量（被控变量）的影响。

③ 观察并分析副控制器 K_P 的大小对系统动态性能的影响。

④ 观察并分析主控制器的 K_P 与 T_i 对系统动态性能的影响。

六、思考题

① 试述串级控制系统为什么对主扰动具有很强的抗扰动能力？如果副对象的时间常数

不是远小于主对象的时间常数时，副回路抗扰动的优越性还具有吗？为什么？

② 级控制系统投运前需要做好哪些准备工作？主、副控制器的内、外给定如何确定？正、反作用如何设置？

③ 改变副控制器比例放大倍数的大小，对串级控制系统的抗扰动能力有什么影响？试从理论上给予说明。

④ 分析串级系统比单回路系统控制质量高的原因。

实验十四 强制对流换热器温度控制实验

一、实验目的

① 了解强制对流换热器热水出口温度 PID 控制系统的组成与工作原理。

② 研究 P、PI、PD 和 PID 四种控制器分别对温度控制系统的控制作用。

③ 改变 P、PI、PD 和 PID 的相关参数，观察它们对系统性能的影响。

二、实验设备

CS2000 型过程控制实验装置，PC 机，DCS 控制系统，DCS 监控软件。

三、实验原理

本系统所要保持的恒定参数是换热器热水出口温度给定值。根据图 2-14-1 温度控制系统框图，采用 DCS 系统控制。

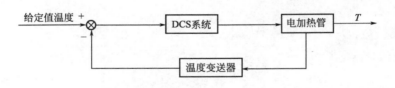

图 2-14-1　温度控制系统原理图

四、实验内容与步骤

1. 设备的连接与检查

① 打开以水泵、电动调节阀、孔板流量计以及换热器热水进水阀所组成的水路系统，关闭通往其他对象的切换阀。

② 将换热器热水的进水阀和出水阀、换热器冷却水的进水阀和出水阀开至适当开度。

③ 将锅炉内胆的溢流口全开。

④ 检查电源开关是否关闭。

2. 启动实验装置

① 将实验装置电源插头接上交流电源。

② 开电源带漏电保护空气开关，电压有指示。

③ 开总电源钥匙开关，按下电源控制屏上的启动按钮，即可开启电源。

④ 启动相关仪器和计算机软件，进入相应的实验。

⑤ 运行组态软件，进入相应的实验画面（图 2-14-2），观察实时或历史曲线，待水温基本稳定于给定值后，将控制器的开关由"手动"位置拨至"自动"位置，使系统变为闭环控制运行。待基本不再变化时，加入阶跃扰动（可通过改变设定值来实现），观察并记录在当前比例 P 时的余差和超调量。每当改变值 P 后，再加同样大小的阶跃信号，比较不同 P 时的 e_{ss} 和 σ_p，并把数据填入下表：

P	大	中	小
e_{ss}			
σ_p			

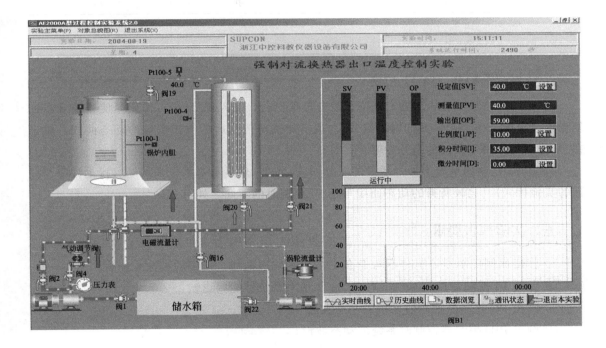

图 2-14-2　强制对流换热器出口温度控制实验

记录实验过程各项数据绘成过渡过程曲线（数据可在软件上获得）。

3. 比例积分（PI）控制

① 在比例控制实验的基础上，待被控变量平稳后加入积分（I）作用，观察被控变量能否回到原设定值的位置，以验证系统在 PI 控制器控制下没有余差。

② 定比例 P 值，然后改变积分时间常数 T_i 值，观察加入扰动后被控变量的动态曲线，并记录不同 T_i 值时的超调量 σ_p 于下表：

积分时间常数 T_i	大	中	小
超调量 σ_p			

③ 定 T_i 于某一值，然后改变比例 P 的大小，观察加扰动后被控变量的动态曲线，并记下相应的超调量 σ_p 于下表：

比例 P	大	中	小
超调量 σ_p			

4. 比例微分（PD）控制

在比例控制实验的基础上，待被控变量平稳后，引入微分作用（D）。固定比例 P 值，改变微分时间常数 T_d 的大小，观察系统在阶跃输入作用下相应的动态响应曲线，并将超调量和余差记录于下表：

D	大	中	小
e_{ss}			
σ_p			

5. 比例积分微分（PID）控制

① 在比例控制实验的基础上，待被控变量平稳后，引入积分（I）作用，使被控变量回复到原设定值。减小 P，并同时增大 T_i，观察加扰动信号后的被控变量的动态曲线，验证在 PI 控制器作用下系统的余差为零。

② 在 PI 控制的基础上加上适量的微分作用"D"，然后再对系统加扰动（扰动幅值与前面的实验相同），比较所得的动态曲线与用 PI 控制时的不同之处。

五、实验报告要求

① 作出比例控制器控制时不同 P 值时的阶跃响应曲线，得到的结论是什么？
② 分析 PI 控制器控制时，不同 P 和 T_i 值对系统性能的影响。
③ 画出 PD 控制器控制时系统的动态波形。
④ 画出 PID 控制器控制时系统的动态波形。

六、思考题

① 在温度控制系统中，为什么用 PD 和 PID 控制，系统的性能并不比用 PI 控制有明显的改善？
② 对流换热温度控制实验与普通的温度 PID 控制实验有什么区别？

实验十五 主回路流量PID控制实验

一、实验目的

① 通过实验熟悉单回路流量控制系统的组成和工作原理。

② 定性地研究 P、PI 和 PID 控制器的参数对流量控制系统性能的影响。

③ 熟悉主回路流量计的工作特点。

二、实验器材

CS2000 型过程控制实验装置；

配置：C3000 过程控制器、实验连接线。

三、实验原理

图 2-15-1 为一阶单回路 PID 流量控制的流程图，这是一个单回路控制系统，控制的目的是使流量等于给定值。流量控制一般调节变化较快。

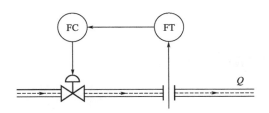

图 2-15-1 一阶单回路 PID 控制方框图

四、实验内容和步骤

此实验以主管路流量为被控对象。

① 打开储水箱进水阀、主管路泵阀、副管路泵阀，关闭其他手阀，将储水箱灌满水。打开下水箱进水阀、下水箱出水阀。

② 将主回路流量信号送至 C3000 过程控制器模拟量输入通道 1，将模拟量输出通道 12 送电动调节阀，具体接线如图 2-15-2 所示。

仪表回路的组态：点击 menu→进入组态→控制回路→PID 控制回路 PID01 的设置，给定方式设为 "内给定"，测量值 PV 设为 "AI01"，其余默认即可，量程 0～100。

③ 打开控制台及实验对象电源开关，打开调节仪电源开关，打开主管路泵、电动调节阀、检测设备电源开关。

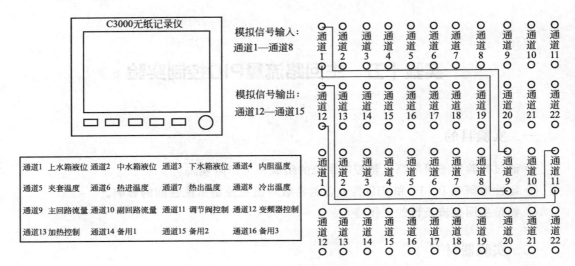

图 2-15-2　实验接线图

④ 进入组态画面，设定输入信号为 1～5V 电压信号，输出信号为 4～20mA 电流信号；再进入调节画面，将控制器设为手动。首先设定一个初始阀门开度，如 10%，切换至监控画面，观察流量变化，当流量趋于平衡时，再进行下一个步骤。

⑤ 设定给定值，调整 P、T_i、T_d 各参数。待流量平衡后点击状态切换按钮，将控制器投入运行。

⑥ 在历史曲线中选择一条较满意的过渡过程曲线进行记录。

五、实验报告

画出流量控制系统的实验控制方框图。

六、注意事项

每当做完一次试验后，必须待系统稳定后再做另一次试验。

七、思考题

① 从理论上分析控制器参数（δ、T_i）的变化对控制过程产生什么影响？

② 流量控制与液位控制及温度控制相比有什么特点？

实验十六　流量单闭环比值控制实验

一、实验目的

① 了解两种流量计的结构及其使用方法。

② 了解比值控制在工业上的应用。

二、实验器材

CS2000 型过程控制实验装置；

配置：C3000 过程控制器、实验连接线。

三、实验原理

在各种生产过程中，需要使两种物料的流量保持严格的比例关系是常见的。例如，在锅炉燃烧系统中，要保持燃料和空气量的一定比例，以保证燃烧的经济性。而且往往其中一个流量随外界负荷需要而变，另一个流量则应由控制器控制，使之成比例地改变，保证两者的比值不变，否则，如果比例严重失调，就可能造成生产事故或发生危险。又如，以重油为原料生产合成氨时，在造气工段应该保持一定的氧气和重油比率，在合成工段则应保持氢和氮的比值一定。这些比值调节的目的是使生产能在最佳的工况下进行。图 2-16-1 为比值流量控制流程图。

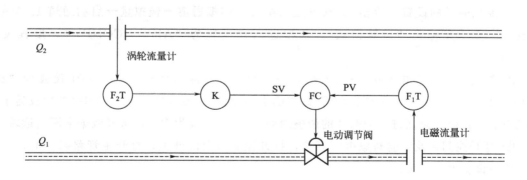

图 2-16-1　比值流量控制流程图

四、实验内容和步骤

此实验以主管路流量为被控对象，保持主、副管路流量成一定比例关系。

① 打开储水箱进水阀、主管路泵阀、副管路泵阀，关闭其他手阀，将储水箱灌满水。

打开下水箱进水阀、下水箱出水阀。

② 将主管路电磁流量信号送至 C3000 过程控制器模拟量输入通道 3，将副管路涡轮流量信号（频率信号）经仪表变送后送至 C3000 过程控制器模拟量输入通道 2，将模拟量输出通道 14 送电动调节阀，通道 13 接变频器控制，具体接线如图 2-16-2 所示。

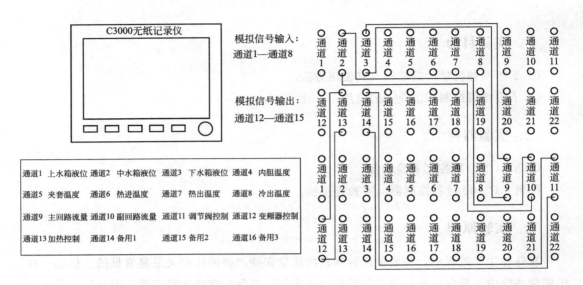

图 2-16-2　接线图

a. 回路的组态　点击 menu→进入组态→控制回路→PID 控制回路 PID02 的设置，给定方式设为"内给定"，测量值 PV 设为"AI02"，其余默认即可，量程 0~100。

b. 回路 PID03 的设置　给定方式设为"外给定"，设定值 SV 设为"VA01"，测量值 PV 设为"AI03"，其余默认。

c. 虚拟通道的设置　点击 menu→进入组态→虚拟通道→模拟量→启动通道 1。VA01 的设置：移动光标到"运算模式"，长按进入并设置为"AI02 * CONF01"，量程设为 0~100。

d. 常数设置　点击 menu→进入组态→常数设置→浮点型→将 CONF01 设置为"2"。按 Esc 退出到菜单界面，选择启动组态，"确定"，退出。最后将回路 2 和回路 3 均投运于自动状态下，在监控画面进入回路 3 的调整画面，将 SVT 设为 R（即选择数据来源为远端）。

③ 打开控制台及实验对象电源开关，打开控制器电源开关，打开主管路泵、电动调节阀、检测设备电源开关。

④ 进入组态画面，设定输入信号为 1~5V 电压信号，输出信号为 4~20mA 电流信号；再进入调节画面，将控制器设为手动。首先设定一个初始阀门开度，如 10%，切换至监控画面，观察流量变化，当流量趋于平衡时，再进行下一个步骤。

⑤ 设定给定值，调整比例系数 K 及 P、T_i、T_d 各参数。待液位平衡后点击状态切换按钮，将控制器投入运行。

⑥ 在历史曲线中选择一条较满意的过渡过程曲线进行记录。

五、实验报告

① 画出比值控制系统的方块图。

② 分析出比值器控制时，不同 K_C 值时的阶跃响应曲线。

六、注意事项

每当做完一次试验后，必须待系统稳定后再做另一次试验。

七、思考题

比值器在实验中起什么作用？

附　录

附录一　全国职业院校技能大赛化工仪表自动化赛项介绍

一、竞赛目的

以职业技能竞赛活动为载体，以化工仪表维修工职业标准为依据，充分展现我国应用型人才的新风貌。通过竞赛，检验各参赛队伍的交流沟通能力、团队协作能力、计划组织能力，考核各参赛队伍的自动化装置安装与调试能力、工程实施能力等职业素养，促进工学结合人才培养模式的改革与创新，并以此推动技能人才队伍的整体发展与建设，加强校企合作，提升职业院校人才培养水平。

二、竞赛方式与内容

1. 竞赛方式

该竞赛项目为团体赛，每个参赛队由 2～3 名选手（选手男女不限，设场上队长 1 名）、1 名领队、1 名指导教师组成。竞赛采取文明操作、过程评价、工艺评价和功能评价相结合。

2. 竞赛内容

（1）确定原则

基于化工仪表维修工的典型工作岗位，以《国家职业标准·化工仪表维修工（高级工）》为基本原则。

（2）理论知识考核

按照《国家职业标准·化工仪表维修工（高级工）》要求确定理论竞赛内容和考核标准。采用计算机自动组卷，自动评分。考核时间为 70min。

（3）技能操作考核

按照《国家职业标准·化工仪表维修工（高级工）》要求确定技能竞赛内容和考核标准，兼顾各相关院校的可操作性。

① 变送器校验与组态

竞赛目的：考查选手对常规仪表基本知识的掌握，考查选手对常规仪表的组态和调校等方面的操作技能，考查选手使用标准仪器的技能。

竞赛时间：60min。

竞赛方式：现场实物操作。

竞赛要点：提供 EJA 变送器（使用 BT200 手操器）。按所提供的工具、仪表和标准仪器，进行安装、调校、组态。

竞赛说明：提供的器材有手操器 1 台；压力校验仪 1 台；压力发生器 1 台；数字万用表 1 块；250Ω 电阻 1 个；所需的连接线和接头若干。

备注：个人项目。

② 气动薄膜控制阀安装与电气阀门定位器校验

考核点：熟悉自动化仪表内部结构及原理，能识读仪表外部接线图，能根据需要正确选用工具进行仪表的安装与调校。

竞赛方式：实物操作。

竞赛时间：90min。

竞赛要点：按照竞赛要求，正确选择工具，进行控制阀的安装、执行机构的校验、气路电路的连接以及阀门定位器的安装与联校。

备注：个人项目。

③ 过程控制系统运行调试

考核点：熟悉工艺，查找并排除控制系统工艺故障；根据工艺要求，进行系统投运、参数整定。严格遵守相关操作规程，查找并排除在线设备的故障。

竞赛方式：实物操作。

竞赛时间：120min。

竞赛要点：遵守相关操作规程，查找并排除在线仪表故障；根据工艺要求，对控制系统进行参数整定。

备注：团体项目。

三、变送器校验与组态操作步骤

① 填写变送器规格与型号。

② 变送器安装。

③ 压力校验装置连接。

④ 变送器参数设置与零点调整。

⑤ 操作三阀组。

⑥ 变送器精度校验。

⑦ 数据记录及计算。

⑧ 设备复位整理（附设备原始状态及工具原始摆放图）。

四、控制阀安装与调校样表

执行机构	型号		控制机构	型号	
	厂家			厂家	
	作用方式			公称直径压力	
	信号范围			额定行程	
阀门定位器	厂家		输入信号范围		
	型号		额定行程		
校验点	0%	25%	50%	75%	100%
标准值/mm					
测量值/mm	正行程				
	反行程				
绝对误差/mm	正行程				
	反行程				
最大百分误差					
回差					
校验结论	原精度				
	现精度				

附录二 所有实验AI及AO的设置

AI01 信号类别设为：V，范围上下限分别设为：1 和 5，量程上下限分别设为：0 和 100。

AI02 信号类别设为：V，范围上下限分别设为：1 和 5，量程上下限分别设为：0 和 100。

AI03 信号类别设为：V，范围上下限分别设为：1 和 5，量程上下限分别设为：0 和 100。

AI04 信号类别设为：V，范围上下限分别设为：1 和 5，量程上下限分别设为：0 和 100。

AI05 信号类别设为：V，范围上下限分别设为：1 和 5，量程上下限分别设为：0 和 100。

AI06 信号类别设为：V，范围上下限分别设为：1 和 5，量程上下限分别设为：0 和 100。

AI07 信号类别设为：V，范围上下限分别设为：1 和 5，量程上下限分别设为：0

和 100。

　　AI08 信号类别设为：V，范围上下限分别设为：1 和 5，量程上下限分别设为：0 和 100。

　　AO01 信号来源：PID01.OUT，量程上限：100，量程下限：0，信号上限：20，信号下限：0。

　　AO02 信号来源：PID02.OUT，量程上限：100，量程下限：0，信号上限：20，信号下限：0。

　　AO03 信号来源：PID03.OUT，量程上限：100，量程下限：0，信号上限：20，信号下限：0。

　　AO04 信号来源：PID04.OUT，量程上限：100，量程下限：0，信号上限：20，信号下限：0。

　　其余默认即可。

◆ 参考文献 ◆

［1］ 厉玉鸣. 化工仪表及自动化［M］. 北京：化学工业出版社，2011.

［2］ 王强. 化工仪表自动化［M］. 北京：化学工业出版社，2015.

［3］ 俞金寿. 过程自动化及仪表［M］. 北京：化学工业出版社，2003.

［4］ 王克华. 石油仪表及自动化［M］. 北京：石油工业出版社，2013.

［5］ 周志成. 石油化工仪表及自动化［M］. 北京：中国石化出版社，2009.

［6］ 陈优先. 化工测量及仪表［M］. 北京：化学工业出版社，2010.

［7］ 姜换强. 化工仪表及自动化［M］. 北京：中国石化出版社，2013.